ひょうごで出会う 野鳥

西播愛鳥会・編著

はじめに

　地球上で繁栄する生命の中で魚類、両生類、爬虫類、鳥類はいずれも美しい色彩を持つものが多い。一方でわれわれ哺乳類は、どちらかといえばあまり目立たない地味な色をしている。なぜだろう。生命の歴史をみていくと、何となくその理由が分かるような気がする。

　地球の歴史は46億年前から始まったとされる。44億年前は水の惑星だったらしい。生命誕生が40億年前。6億年前には海の中で多くの生命が繁栄したという。やがて陸地が生まれ、海からまず植物が陸上に進出。遅れて動物が続いたのが4億年前…。3億5千万年前には巨大な森が広がり大型昆虫などがいたようだ。

　その後、魚類、両生類、爬虫類などの生物が衰退を繰り返し、生き残りをかけて進化していく過程で、爬虫類から地球の歴史上で最大、最強の恐竜が誕生する（2億5千万年前）。恐竜はジュラ紀に大繁栄を迎えるが（鳥類の起源は1億5千万年前のこのころから）、約6600万年前に隕石の衝突などの要因により環境が激変したことで、地上で生活していた種が滅亡。しかし、空を飛ぶものは生き残り、それが現在の鳥類につながっているといわれる。恐竜の陰で細々と生活していた哺乳類は、恐ろしい敵がいなくなると勢力を拡大していった。しかし、色鮮やかな鳥類と比べるとほとんどが地味で声も単調なものや夜行性のものが多い。今なお恐竜時代の名残を引きずっているかのように思えてならない（余談であるが、兵庫県では丹波や淡路で恐竜の化石が見つかっている）。

　鳥たちが鮮やかな色彩を持ち、鳴き声は美しく日中から堂々と飛び回る姿をみると、今も恐竜のDNAを受け継いで自由を謳歌しているような気

がする。姿、形は変われども鳥類ははるか遠い昔から進化し続けているのだと納得する。

　私たちが考えている以上に高度な能力を持つ鳥たち。もしもこの先、地球で大きな環境の変化があっても生き残る可能性が高いのではないかと思う。

　鳥類は世界で約1万種を数える。そのうち日本では1度でも観察された種類を含めておおよそ660種（外来種を含む）、兵庫県では約380種（外来種を含む）の記録がある。

　北は日本海、南は瀬戸内海に面し、氷ノ山をはじめとする1000メートルを超える山々がある兵庫県は、豊かな自然環境に恵まれている。西日本では貴重なイヌワシが暮らしていることや、最後まで野生のコウノトリが生息し、今は復活を目指してコウノトリの郷公園で繁殖に取り組んでいることは特筆すべきことである。

　ここでは鳥が好きな人たちが、観察を通して感じたことや発見したことを織り交ぜながら、野鳥の魅力を紹介している。また、長年にわたって調査を続けている種についても、貴重な観察記録のごく一部ではあるが掲載している。野鳥に対する思い入れや感じ方は人それぞれだが、この本を通して少しでも興味を持っていただけたら幸いである。

西播愛鳥会

CONTENTS

はじめに ··· 2
この本をお読みになる前に ····· 8

春

キジ ·· 10
コウノトリ ·· 11
スズメ ·· 12
ニュウナイスズメ ······························· 12
メジロ ·· 13
ヒヨドリ ·· 13
エナガ ·· 14
センダイムシクイ ······························· 15
オオルリ ·· 16
キビタキ ·· 17
セッカ ·· 18
オオヨシキリ ······································· 19
コチドリ ·· 20
シロチドリ ·· 21
イカルチドリ ······································· 22
メダイチドリ ······································· 22
ツバメチドリ ······································· 23
セイタカシギ ······································· 23
ハマシギ ·· 24
オグロシギ ·· 24
チュウシャクシギ ······························· 25
タシギ ·· 25
クサシギ ·· 26
タカブシギ ·· 26
ツルシギ ·· 27
キョウジョシギ ··································· 27
オオソリハシシギ ······························· 28
オバシギ ·· 28
トウネン ·· 29
シマアジ ·· 29
ヒクイナ ·· 30
タマシギ ·· 31
ケリ ·· 32
コアジサシ ·· 33
サンコウチョウ ··································· 38
サンショウクイ ··································· 39
ミソサザイ ·· 39
クロツグミ ·· 40
マミジロ ·· 40
コマドリ ·· 41
コルリ ·· 41
ヤブサメ ·· 42
ホオアカ ·· 42
ホオジロ ·· 43
コゲラ ·· 44
アオゲラ ·· 44
アカゲラ ·· 45
オオアカゲラ ······································· 45
イカル ·· 46
コシアカツバメ ··································· 46
イワツバメ ·· 47
イソヒヨドリ ······································· 48
カルガモ ·· 49
カイツブリ ·· 50

コサギ	51	バン	73
チュウサギ	52	ミサゴ	74
ダイサギ	53	クマタカ	75
アマサギ	54	カワセミ	76
アオサギ	55	ヤマセミ	77
ゴイサギ	56	アカショウビン	77
ササゴイ	57	キジバト	78
ヨシゴイ	58	ムクドリ	79
クロサギ	58	ハシボソガラス	80
		ハシブトガラス	80

column
- ツバメの子育て … 34
- アオバズクの子育て … 36
- 鳥を知ろう 1 … 59
- 鳥の声を知ろう … 62

column
- ハヤブサの1年 … 81
- 鳥を知ろう 2 … 84
- 夏の暮らし … 86

夏

カッコウ	66		
ツツドリ	66		
ジュウイチ	67		
ホトトギス	67		
ハクセキレイ	68		
キセキレイ	68		
セグロセキレイ	69		
シジュウカラ	70		
ヤマガラ	70		
ヒガラ	71		
コガラ	71		
ゴジュウカラ	72		
ヨタカ	72		

秋

ムナグロ	90
ダイゼン	90
ダイシャクシギ	91
ホウロクシギ	91
キアシシギ	92
ソリハシシギ	92
エリマキシギ	93
ミユビシギ	93
コガモ	94
コムクドリ	95
ハリオアマツバメ	95
ハチクマ	104
サシバ	105

ツミ	106
ハイタカ	106
オオタカ	107
ノスリ	107
チョウゲンボウ	108
アカアシチョウゲンボウ	108
ノビタキ	109
コサメビタキ	110
サメビタキ	111
エゾビタキ	111
ムギマキ	112
サバクヒタキ	112
オジロビタキ	113
ヘラサギ	114
クロツラヘラサギ	114
カワウ	115
ウミウ	116
シラオネッタイチョウ	116
コミミズク	117
ヤマドリ	117
ジョウビタキ	118
ルリビタキ	119
ツグミ	120
シロハラ	121
アカハラ	122
トラツグミ	122
ミヤマホオジロ	123
オオジュリン	124

column

鳥を知ろう 3	96
面白い秋の渡り	98
秋の暮らし	100
野鳥と暮らす〜私の庭〜	125
混群をつくる	128
イヌワシの1年	129
写真を撮ろう	132

冬

カシラダカ	134
アオジ	135
クロジ	136
ベニマシコ	137
ハギマシコ	138
オオマシコ	138
オオワシ	139
オジロワシ	139
ユリカモメ	140
ズグロカモメ	141
カモメ	141
ウミネコ	142
オオセグロカモメ	143
セグロカモメ	143
ミヤコドリ	144
オオハム	144
コハクチョウ	145
オオハクチョウ	146
コクガン	146

マガン	147		コクマルガラス	169
ヒシクイ	147		カケス	169
ツクシガモ	148		キクイタダキ	170
ヒドリガモ	148		ツリスガラ	171
オシドリ	149		ビンズイ	172
ヨシガモ	150		タヒバリ	173
オカヨシガモ	150		ハチジョウツグミ	173
マガモ	151		アトリ	174
ハシビロガモ	152		マヒワ	175
オナガガモ	152		カラムクドリ	176
トモエガモ	153		ギンムクドリ	176
アメリカヒドリ	153		ホシムクドリ	177
カワアイサ	154		ヤツガシラ	177
ウミアイサ	154		ヒレンジャク	178
ミコアイサ	155		トビ	179
スズガモ	155		カワガラス	180
キンクロハジロ	156		イソシギ	181
ホシハジロ	156		カワラヒワ	181
アメリカコガモ	157		フクロウ	182
クイナ	157			
オオバン	158		**column**	
カンムリカイツブリ	159		鳥を知ろう 4	160
ハジロカイツブリ	159		冬のシギ・チドリ	162
アリスイ	164		冬の猛禽類	183
カヤクグリ	164		春近づく	186
ウソ	165		野鳥を楽しむ	190
シメ	166			
アオバト	167		野鳥たちの未来に思いを寄せて	193
ミヤマガラス	168		兵庫県鳥類リスト	195
			鳥名別さくいん	205

この本をお読みになる前に

用語について
・留鳥…１年を通して同じ地域に生息する鳥。
・漂鳥…季節ごとに山から里などへと小規模に移動する鳥。
・夏鳥…春に東南アジアなどから渡来し、日本で繁殖。秋に渡る鳥。
・冬鳥…秋にシベリアなどから飛来し、日本で越冬。春に渡る鳥。
・旅鳥…春と秋の一時期、渡りの途中に日本に立ち寄る鳥。
・迷鳥…台風などの影響により、遠く離れた地域から飛来する鳥。
・夏羽…繁殖期の羽。特に雄は派手な色彩の羽に変わるものが多い。
　　　　紛らわしいが冬のカモは夏羽。
・冬羽…非生殖羽。繁殖が終わると雄は地味な色彩の羽に変わるものが多い。

全長とは

くちばしの先から尾までの長さ
（正式には腹部を上向きにした状態で計測）

兵庫県版レッドリスト（2013より）　　　　　195～204ページ参照

Ａランク… 県内において絶滅の危機に瀕している種など、緊急の保全対策、厳重な保全対策の必要な種。
Ｂランク… 県内において絶滅の危機が増大している種など、極力生息環境などの保全が必要な種。
Ｃランク… 県内において存続基盤が脆弱な種。
要 注 目… 最近減少の著しい種、優れた自然環境の指標となる種や分布や行動に変化があり動向が注目される種などの貴重種に準ずる種。
要 調 査… 県内での生息の実態がほとんど分からないことなどにより、現在の知見では貴重性の評価ができないが、今後の調査によっては貴重種となる可能性のある種。
Ex(絶滅)… 県内でかつては生息していたが、現在、野生下では生息の可能性がないと考えられる種。

　　　　　文末の（ ）は（執筆者名／撮影者名）です。コラムは執筆者名のみを記載しました。
　　　　　本書は2018年4月1日から2019年3月31日まで、神戸新聞に連載されたコラムを編集し、単行本化したものです。

春

キジ

留鳥

美しい日本の国鳥

　日本の国鳥。日本特産種であり、昔話の「桃太郎」に登場し、子どもたちにもなじみが深いなどの理由で 1947 年に日本鳥学会が選定。雄の赤い顔はとても印象的で、鮮やかな緑色の胸や青灰色の背中が美しい。雌は地味な茶色の体。共に長い尾を持つ。かつては人家近くの耕作地でもよく見られたが、開発などの影響によりだんだんと少なくなっている。

繁殖期に縄張り宣言

　春、雄は田んぼや河川敷の小高くなった所に立って「ケーン」と鳴き、同時に羽を激しく震わせる。少し離れた所でライバルの雄が鳴くと緊張感が高まる。「キジも鳴かずば撃たれまい」ということわざがある。普段はひっそりと暮らしているのに、繁殖期になると鳴くので居場所が分かってしまう。兵庫県多可町の鳥。全長は雄 80 センチ、雌 60 センチ。（森田／森田）

コウノトリ

留鳥　レッドリストA

兵庫県の鳥、復活を目指して

　明治以降の乱獲や戦後の急激な開発、公害などの環境破壊で、野生生物の多くが絶滅の危機にひんした。鳥類ではトキ、コウノトリ、哺乳類ではニホンカワウソなどが姿を消した。日本で野生のコウノトリが最後まで生息したのが兵庫県。豊岡市のコウノトリの郷公園にいるのは主にロシア産で、子孫が各地で見られる。

くちばしをたたいて求愛

　翼を広げると2メートルにもなる。声帯が発達しておらず、くちばしをカスタネットのように「カタ、カタ…」とたたいて求愛する。近縁種のヨーロッパコウノトリは赤ちゃんを運んでくる鳥として有名だ。城崎温泉の外湯「鴻の湯」には、傷ついたコウノトリが体を癒やしたという話が伝わる。兵庫県と豊岡市の鳥。全長115センチ。

（森田／森田・黒田）

スズメ　　　　　　　　　留鳥

人と共に生きてきた

　人家に巣をつくり、人と共に生きてきた野鳥である。「雀(すずめ)のお宿」「雀の涙」「雀百まで踊り忘れず」など、まつわる言葉も多い。紙にスズメの絵を描いてみよう。いつも見ているはずなのに意外と描けない。頬の黒斑を忘れずに。人の近くにいるのに、警戒心が強い。稲を食べるので嫌われているが、害虫も食べる。全長14センチ。
　　　　　　　　　(山子／森田)

ニュウナイスズメ　　　冬鳥(一部繁殖)

頬に黒紋がないスズメ

　スズメは誰もが知っているが、その仲間のニュウナイスズメを知る人は多くない。スズメとの違いは、顔に黒い紋がないところ。雄は頭が栗色。雌はオリーブ色で別種かと思うほどだ。日本では中部以北で繁殖し、県内では秋から春まで見られる。たつの市では農耕地や電線によく群れている。スズメと見比べてみよう。全長14センチ。写真は雄。
　　　　　　　　　(溝杭／溝杭)

メジロ

留鳥

甘い蜜が大好き

サクラの咲く頃、「チー、チー」と鳴きながら、花びらの間を移動しているのをよく見る。花の中にくちばしを突っ込んで、よく伸びる舌を使って蜜をなめる。甘い蜜は大好物。鮮やかな緑色の体が美しい。和菓子のうぐいすもちは、メジロの色に近い。ウグイスはくすんだ緑色をしており、メジロの方がとてもおいしそうに見える。全長12センチ。　　　　（森田／森田）

ヒヨドリ

留鳥

受粉に役立つ長いくちばし

長いくちばしで蜜を吸う。くちばしの周りに花粉をいっぱい付けるので、受粉に役立っているようだ。近年、公園の整備でまちに花や緑が増えたため、山里から市街地にも進出。スマートな体で、波形を描くように飛ぶ。「ヒーヨ、ヒーヨ」と大きな声で鳴くので、近くにいたらすぐに分かる。日本では普通種だが世界的には珍しい。全長28センチ。　　　　（森田／森田）

エナガ

留鳥

コケで作る袋状の巣

尾が長いからエナガ（柄長）という。体はふわふわとした綿菓子のようだ。いつも群れで、「ジュリ、ジュリ…」と鈴を鳴らしたような声でおしゃべりしながら移動する。その声が聞こえると立ち止まって、どの方向に移動するのか確認し、至近距離から動き回る姿をワクワクしながら観察する。春先にコケやクモの糸を使って、袋状の巣を作る。

かわいい顔に胸キュン

卵を温めるために長時間狭い巣の中にいると、長い尾が曲がってしまう。繁殖期にはそんな尾をした個体をよく見る。飛んでいると、どちらかにぴゅーっと曲がってしまいそうだ。本州にいるのは顔に黒い線があるが、北海道には顔の白い「シマエナガ」という亜種がいる。写真集も出版されて大人気。どちらもとてもかわいい。全長14センチ。

（森田／森田）

センダイムシクイ

夏鳥

さえずりは「焼酎一杯グィー」

　春に東南アジアから渡来する。ウグイスに似ているが少し小さい。さえずりは「チョチョビー」と聞こえるが、「焼酎一杯グィー」の聞きなし（鳥の声を言葉に置き換えたもの）がよく知られている。名前の由来に、鳴き声のフレーズの「チョ」が「千代」に、千代を「せんだい」と読んで、それが「仙台」に変わり、「仙台虫喰（ムシクイ）」になったという説がある。

枝の間をちょこちょこ

　播磨地方でも繁殖している。名前のとおり、小さな虫を好んで食べる。開けた場所には出てこない。枝の間をちょこちょこ動き回るので、カメラのピントを合わせるのに苦労する。イライラするとうまく撮影できないので、深呼吸しながら落ち着いて、動きを予測しながら追いかける。撮影後はいつも、肩凝りに悩まされる。全長13センチ。

（森田／森田）

オオルリ

夏鳥　レッドリスト要注目

雄は瑠璃色の鮮やかな体

　日本を代表する夏鳥で、全国で繁殖する。雄は瑠璃色の鮮やかな体で、渓流沿いの高い木のてっぺんで「ピールーリー、ジジッ」とゆっくり大きな声でさえずる。個体によって前半部分は複雑に変わってくるが、最後の「ジジッ」という声は、他の夏鳥はあまり発しないので、識別のポイントとなる。日本三鳴鳥の一つ。

雌は茶褐色の地味な体

　雌はキビタキの雌やコサメビタキとよく似ている。体は少し大きいくらいで、茶褐色の色の違いを肉眼で見極めるのは難しい。しかし、双眼鏡でじっくり観察すると、体の下面や喉の色が3種とも違うのが分かる。図鑑とにらめっこして、あれこれ首をひねることも。岩場などに、コケを使っておわん形の巣を作る。全長16センチ。

（山子／森田）

キビタキ

夏鳥　レッドリスト要注目

記憶に残るイエローの姿

　初めてキビタキを見たのは40年前の山梨県の山中湖畔。夜行バスで行き、小さなバス停で仮眠を取った。早朝に出合ったキビタキは街路樹に止まり、さえずることもなく、ただじっとこちらを見ていた。その時に見た強烈なイエローの姿が、今でも強く記憶に残る。姿も美しいが、ゆったりとした変化に富んだ声も魅力的。

ヒタキ類は雌が面白い

　雌はオリーブ褐色で非常に地味である。しかし、目がクリクリしてかわいい。ヒタキ類の雌は姿がとても似ているが、よく見ると違いが発見できる。そこが面白い。かつて県内では山地に行かないと見られなかったが、最近は市街地近郊の広葉樹林でも見られるようになったのがうれしい。全長14センチ。

　　　（山子／溝杭・森田）

セッカ

夏鳥（一部留鳥）

一度に2種類の鳴き声

　小さな体であるが、声はよく通る。繁殖期になると草のてっぺんから飛び立ち、「ヒッ、ヒッ、ヒッ…」と少しずつ上空へ、高度を上げながら鳴く。頂点に達すると「ジャッ、ジャッ、ジャッ…」と下降しながら鳴く。初めて聞いた時は、2種類の鳥が鳴いているのかと思った。河口のアシ原に多いが、内陸部の開けた農耕地の草むらでも見ることができる。

足を広げて風にゆらゆら

　足を広げて草に止まることがある。草が風にそよいで、セッカが一緒にゆらゆら揺れているのを見るのは、ほほ笑ましい。クモの糸で葉っぱをくっつけ、器用に巣を作る。クモの糸は優れた自然の接着剤。人間社会にも活用できるよう研究されている。北にすむものは、寒くなると暖かい地方に移動する。県内では冬も見られる。全長13センチ。

（森田／森田）

オオヨシキリ

夏鳥　レッドリスト要注目

日中、大声で鳴き続ける

　春に東南アジアから渡ってきて、アシ原で「ギョギョシ、ギョギョシ、ケケシ…」と大きな特徴のある声で鳴く。最初は草の下の方で鳴いているが、だんだんと上の方まで登ってくる。一夫多妻で、子育てをするのは雌の役割。雄は日中、縄張りの中を移動しながらずっと鳴いている。ほかの雄が侵入すると、鳴くのを中断して追い払う。

夏の季語で「行行子」

　渡りの途中に、里の小さな草むらでさえずることも。真っ赤な口の中までよく見える。俳句にも「行行子(ぎょうぎょうし)」として登場する。鳴き声からとった名で、夏の季語。アシ原では最も目立つ鳥である。コヨシキリという少し体の小さい仲間は、本州中部以北で繁殖し、県内では渡りの時期にまれに観察される。全長18センチ。

（森田／森田）

コチドリ

夏鳥

千鳥足で餌を捕らえる

　夏鳥として川の中流から下流、干潟に来る。胸に黒いバンドのような模様があり、目の周囲は金色。「千鳥足」という言葉がある。お酒を飲んでいい気持ちになってふらふら歩く様子を表す。なるほどチドリの仲間は、走る、止まるを繰り返しながらジグザグに移動し、泥の中に潜むゴカイなどを捕らえる。その動きはとても興味深い。

河原は危険がいっぱい

　「ピッ、ピッ、ピッ、ピッ」と区切るように連続的に鳴く。河原や埋め立て地に、小石などを敷いただけの簡単な巣を作って産卵する。ひなは生まれるとすぐに巣を離れる。開けた環境に生まれた生物の定めであろう。敵に見つからないように、ゆっくりしてはいられないのだ。チドリは洲本市と淡路市の鳥。全長16センチ。

（山子／森田）

シロチドリ

留鳥　レッドリストA

海岸で一日中餌探し

　川の下流域や海岸に生息する。コチドリとよく似ているが、胸の黒い模様が中央付近で途切れている。鳴き声は「ピリッ、ピッ、ピッ、ピッ、ピッ、ビュイ」。最後の「ビュイ」という声が印象的だ。足の感覚が鋭いのだろうか、指先で泥の中の餌を探しながら歩いている。近年、個体数は激減している。上の写真は夏羽で、手前が雌、後ろが雄。

百人一首で詠まれたのは

　「淡路島かよふ千鳥の鳴く声に　幾夜寝覚めぬ須磨の関守」（源兼昌）。百人一首に出てくる和歌。現代では巨大な明石海峡大橋が目立って、平安時代の面影もなく、関守もびっくりだろう。ところでこの歌の「千鳥」はどれを指すのか。コチドリ、シロチドリ、いや小型のシギか、あれこれ想像するのも楽しい。全長17センチ。　　　（山子／黒田・森田）

イカルチドリ

留鳥　レッドリストB

小石にそっくりな姿

シロチドリやコチドリよりも川の上流域にすむ。チドリの間ではすみ分けが成立しているようだ。コチドリによく似ているが、少し大きく、目の周囲は金色ではない。中州の小石の多い所にいると、周りの風景にうまく溶け込んでしまう。県内では少数が見られる。世界的にも希少種だ。全長21センチ。　（山子／森田）

メダイチドリ

旅鳥

胸のオレンジ色が鮮やか

カムチャツカ半島などで繁殖。春と秋に干潟にやって来る。群れで歩き回りながら、餌のゴカイなどを探す。夏羽は胸のオレンジ色が目立つが、冬羽はシロチドリに似ている（首の後ろが白いのがシロチドリ）。学生時代からよく砂浜に腰をおろし、波打ち際を走るチドリを見ていた。チドリはのんびり見るのがいい。全長20センチ。　（山子／森田）

ツバメチドリ

旅鳥　レッドリストB

空中でトンボをキャッチ

　5月中頃、加古川市の田んぼに飛来したと聞き、見に行った。ツバメそっくりの姿をしており、黄白色の喉とそれを縁取る黒い線が目立つ。地上から飛び出し、空中でトンボを捕まえる。それからぐるぐる回って急降下し、地上に戻る。しばらく目を離すと、畝の間に隠れてどこにいるか分からなくなった。全長25センチ。　　　　　（溝杭／溝杭）

セイタカシギ

旅鳥　レッドリストB

足の長い優美な姿

　ほかのシギと比べて、くちばしと足が非常に長く、黒い羽と白い体の対比が際立ち、まるで優美な貴婦人のようだ。雄の夏羽は目から頭部にかけて黒い。雄が雌の背に飛び乗り、長い足を器用に折り曲げて座り、尾を合わせて交尾をした。終わると雄は静かに長い足を伸ばして離れた。感動的なシーンだった。全長37センチ。　　（溝杭／黒田）

ハマシギ

旅鳥（一部冬鳥）　レッドリストC

夏羽はおなかに黒斑

　1970年代、姫路市の網干沖は広大な干潟が広がり、春と秋には多くのシギ・チドリ類が飛来していた。ハマシギもごま塩のように数百羽の群れになって動き回っていた。しかし、徐々に海岸は埋め立てられ、今では往時の姿は想像すらできない。写真は夏羽で、おなかに大きな黒斑がある。全長21センチ。　（三谷／森田）

オグロシギ

旅鳥　レッドリストB

飛んだ時に目立つ黒い尾羽

　くちばしと足が長い。飛ぶと黒い尾羽が目立つので「尾黒鷸(オグロシギ)」と呼ばれている。春と秋に干潟などに渡来するが数は多くない。夏羽は頭部から胸は赤褐色で、冬羽は頭部から体の上面が灰褐色になる。多くのシギ・チドリ類は夏羽と冬羽を比べると、別種かと思うほど異なるので注意が必要だ。全長38センチ。

（三谷／森田）

チュウシャクシギ

旅鳥

カニを捕らえる名人

くちばしが下に湾曲している。好物は干潟にいるカニ。近づくと、カニたちはあわてて巣穴などに隠れるが、長いくちばしを突っ込んで引っ張り出す。カニはハサミを振り上げて必死に抵抗するが、全く相手にならない。県内では比較的よく観察されるシギの一つ。内陸部の田んぼでも見られる。「ホイピピピピ…」と鳴く。全長42センチ。

（三谷／黒田）

タシギ

旅鳥（一部冬鳥）　レッドリストB

忍者のようにじっと隠れる

旅鳥、または冬鳥として水田や河川などに生息する。日中は草や稲の切り株の陰でじっとしていることが多く、見逃してしまう。まるで忍者のようだ。歩いていると、急に足元から「ジェッ」と鳴いて飛び出してきて、びっくりさせられる。夕方から活動を始めるが、安全な場所では、昼間から泥の中にくちばしを差し込んで小動物を探している。全長27センチ。

（三谷／森田）

クサシギ

旅鳥（一部冬鳥）

警戒心が強く、鳴きながら飛ぶ

旅鳥として渡来し、水田や河川、湿地などに生息する。県内では越冬する個体もいる。単独でいることが多く、昆虫などを食べる。警戒心が強く、人が近づくと、鳴きながら水面を低く飛び去る。飛び出す時は「チュリー」と澄んだ声で鳴く。イソシギに似ているが、脇にくい込むような白色部がないので区別できる。全長22センチ。　　（三谷／森田）

タカブシギ

旅鳥（一部冬鳥）　レッドリストB

ハス田が埋め立てられ激減

主に内陸部のハス田やため池に渡来し、「ピッピッピッ」と鳴く。飛んだ時、翼の下面が白いので、よく似ているクサシギと区別することができる。かつては普通にいるシギだったが、国内有数の渡来地である姫路市のハス田が埋め立てられ、見られなくなった。たくさんいたという記録だけが残る。全長20センチ。　　（三谷／黒田）

ツルシギ

旅鳥　レッドリストB

春と秋ではまるで別の鳥

旅鳥で、淡水のハス田などで見られるが、タカブシギと同様に激減している。春に渡来する時は全身が真っ黒だが、秋に渡来する時は体の上面が灰色で、下面は白い。春に比べると秋は渡来数が少ない。「チュイッ」と高い声で鳴く。くちばしと足が長くツルに姿がよく似ているので、名前の由来になったといわれる。全長32センチ。

（三谷／黒田）

キョウジョシギ

旅鳥

名前の由来は京女

キョウジョは「京女」と書く。これは羽の色が、まるで華やかな着物をまとった「京おんな」のようだからという。素敵な命名だ。頭部から胸にかけて白黒の模様がある。京女たちは干潟や川の中州、岩礁などを歩き回り、太くて丈夫なくちばしで小石をひっくり返して、カニやトビムシなどを食べる。全長22センチ。

（三谷／森田）

オオソリハシシギ

旅鳥　レッドリストB

くちばしが上に反る

　くちばしが長く、少し上に反っている。干潟などに渡来し、カニや貝、ゴカイなどを食べる。北極圏で繁殖するシギの中には、人と接する機会がないのか、すぐそばにいても逃げない場合がある。しゃがんだままじっと動かずに観察していると、オオソリハシシギに周りを囲まれた。うれしい思い出だ。全長40センチ。
（三谷／溝杭）

オバシギ

旅鳥　レッドリストC

ロシアとオーストラリアを往復

　繁殖地はロシア東部、越冬地はオーストラリアなどで、往復する距離はなんと約2万キロにも達する。しかし中継地の日本で干潟の多くが埋め立てられてしまったため、食べ物の補給ができず、多くのシギ・チドリ類が絶滅の危機に直面している。彼らを守るためには、地球規模での環境保全が必要だ。全長28センチ。
（三谷／黒田）

トウネン

旅鳥

群れでいる小さなシギ

　小さな体の割にくちばしが太い。干潟や水田などでゴカイやカニ、昆虫などを食べる。群れで見られ、現在でも比較的渡来数は多い。夏羽は顔から首、体の上面にかけて赤褐色になる。名前の由来が面白い。小さな体がその年に生まれたように見えるので、「当年」と呼ばれるようになった。小さくても立派な成鳥である。全長15センチ。

（三谷／溝杭）

シマアジ

旅鳥　レッドリストC

魚ではありません

　シマアジと聞くと魚を思い浮かべる人が多いと思うが、鳥にも同名のものがいる。小型のカモで、春と秋の渡りの時期に、川や池で少数が見られる。近くの川にいるのを見つけ、何日か通ってようやく写真を撮った。雄は目の上の白い眉斑（びはん）がよく目立つ。泳ぎながら「ギリギリ」とネジを回すような声で鳴いた。全長38センチ。　（森田／森田）

ヒクイナ

夏鳥（一部越冬）　レッドリストB

朱色の体が鮮やか

　雨が降ったり止んだりしている。雨が止むたびに麦畑にヒバリを探しにいく。偶然、麦の間を縫うように歩いているヒクイナを発見した。警戒心が強く、普段はなかなか全身を見せてくれない。粘ったかいがあって、農道に出てきてくれた。赤い目で私の方を見た。その時ちょうど光が射して、朱色の体が鮮やかに浮かび上がった。

戸をたたくような声？

　「コッ、コッ、コッ…」という連続した鳴き声は、昔から「クイナの戸たたき」といって、古典文学や和歌などにも記述がある。玄関の戸をたたくように聞こえるらしい。聞いてみたいと願っていたら、2017年の夏、夜から明け方まで自宅前の川辺で鳴いた。私には文学の才能がないのか、戸をたたくようには聞こえなかった。全長23センチ。　（森田／森田）

タマシギ

留鳥　レッドリストB

美しい雌が雄を呼ぶ

　ヒクイナと同様、上の写真のタマシギ（雌）も自宅前の小川で見つけた。夜、「コーッ、コーッ…」と相手を呼んでいる声に気が付いた。鳴いているのは美しい雌。鳥の世界では珍しい一妻多夫だ。「灯台下暗し」というが、まさかこんな近くにいるとは。しかし、夜に鳥を探しに行くのは楽しいが、不審者に間違われないよう気を使う。

子育ては お父さんの役割

　雌は卵を産むと新しい相手を探しに行く。卵を温めることも子育ても、すべて雄の役割。雄は危険を察知すると外敵に見つからないよう、ひなを体の下に隠す。しかし、今は河川が改修されたため見られなくなった。初夏になるといつもタマシギのことを思い出す。今夜もどこかで鳴いているだろうか。全長は雄22センチ、雌26センチ。

（森田／森田）

ケリ

留鳥

鳴き声も「ケリ」

　名前の由来は「ケリ、ケリ」と鳴くからで、とても分かりやすい。気が強く、繁殖期には自分よりも体の大きなトビやカラス、さらには人が近づいても、大きな声で威嚇しながら向かっていく。黄色く鋭いくちばしときつい目をしており、いかにも強そうだ。兵庫県が国内では繁殖地の西限であったが、現在ではもっと西の九州地方まで勢力を広げている。

翼の先の黒い色が目立つ

　飛んだ時、翼の先の黒い色が目立つ。田んぼで繁殖するので、農家の人はひなを巻き込まないように気を付けて、トラクターを運転しているそうだ。繁殖期には夜も鳴く。暗闇の中から聞こえてくる声にびっくりする。田んぼにはヒバリなども繁殖し、カエルや水生昆虫もたくさん暮らす。生き物たちにとって大切な場所だ。全長36センチ。

（森田／森田）

コアジサシ

夏鳥　レッドリストB

夏の浜辺によく似合う

　春にオーストラリアなどから、海岸や河口にやって来る。日本で記録のあるアジサシの仲間では最も普通に見られる。ホバリング状態から水中にダイビングして小アジなどを捕らえる。名前の由来は、その餌を捕る動きが、まるでもりでアジを刺すようだからという。真っ白な体がまぶしい。夏の浜辺を代表する鳥。減少しているのが残念だ。

海岸に集まり子育て

　海岸の砂地や埋め立て地にコロニー（集団繁殖地）を作る。地面を浅く掘った簡単な巣に貝殻を少し敷く。白っぽい地面を好むのも訳がありそうだ。繁殖調査で卵の様子を見に行った時、巣が周辺の環境に溶け込んで分かりにくく、踏みそうになったことも。外敵が近づくと飛び回りながら威嚇する。全長26センチ。
（山子／森田）

ツバメの子育て

人のそばで生活

　マンション1階の駐輪場の屋根の下に、ツバメの巣を見つけた。人家の車庫のシャッターの中にまで出入りして巣を作るものもいる。人目につきやすい所は、ハシボソガラスなどの天敵から身を守るには都合がいいようだ。

　人を恐れることの多い鳥の中で、珍しく人の近くで子育てをする。愛くるしいひなたちは小さな巣の中でひしめき合い、親鳥が食べ物を運んでくると全員が一斉に大きな口を開けて催促する。その様子を見ると心がなごみ、毎年、飛来するのを楽しみにしている人も多い。梅雨があって大量の虫が発生する日本は、ツバメにとって食料に不自由することがない繁殖地で、多くは1シーズンに2回、子育てをする。

　しかし、飛行能力に優れたツバメといえども長距離の渡りは過酷なようで、翌年再び日本に帰ってくる確率は極めて低いという。

泥やワラで巣を作る

　ツバメは人との関わりが深い。3月頃、東南アジアから飛来すると、すぐに夫婦で巣作りを始める。泥やわら、枯れ草を使い、人家の軒下におわん型の巣を作る。長い尾は巣作りにも、大切な役割を果たす。垂直の壁に爪を立てて止まる時、尾を広げて体を支えるのだ。そしてくわえてきた泥を付けていく。根気のいる作業だ。

　巣が完成するまでに約1週間かかる。雌は1日に1個ずつ3〜7個の卵を産む。

夏鳥

尾の長い雄がモテる

尾の長さが個体により微妙に違う。雌は尾の長い雄を選ぶ傾向がある（のどの赤い色が目立つ雄が好かれる場合も）。抱卵、給餌とも共同で行うので、雌が恋の主導権を持つというのも当然か。給餌は1日300～400回に及ぶため、親はとても忙しい。巣の中のひなの位置は絶えず変わり、一番空腹なひなが最も大きく口を開ける。親はそれを瞬時に判断して給餌する。

巣立ち後も親から学んで成長

ふ化後、約3週間で巣立つ。巣立ち当日、親はひなに食べ物を与えず、巣から飛び出てくるのを待つ。ひなはすぐに独り立ちするのは無理で、

しばらくは巣の近くで飛ぶ練習をする。写真の口を開いた、尾の短い方がひなだ。ほかにも虫の捕り方などを学んで成長していく。ツバメたちは夏の夕方、各地からアシ原に集まって大きなねぐらを作る。秋、再び南に渡る。全長17センチ。

（山子恵宏）

アオバズクの子育て

大きな目をした人気者

　青葉の美しい頃に南方から飛来する。市街地の都市公園や鎮守の森にも生息しているので、日本で見られるフクロウの仲間では最も身近に観察できる。ところが最近、毎年来ていた場所で見られなくなる例が増えている。繁殖場所は貴重な大木の洞などに限られる。老木が多く洞の状態が悪化し

たり、伐採などの影響で飛来しなくなると、元の場所で復活するのは極めて難しい。

　顔の正面に大きな目があり、後方を見るときは首が後ろにぐるりと回る。日中は枝に止まってじっとしているので観察しやすく、とても人気がある。

雄は見張り、雌は抱卵

　西播磨の神社の境内に、樹齢400年のムクノキがある。ここに毎年5月、アオバズクが東南アジアからやって来る。雄は巣（木の洞を利用する）が見渡せる枝に止まり、一日中ずっと監視を続ける。雌は3～5個の卵を産む。卵を抱くのは雌だけで、約1カ月後にひなが誕生する。

夏鳥　レッドリストB

夜になると活発に動く

　雄はひなが生まれると、日中、巣の近くの枝に止まっている。見張りをしているのだが、目をつぶって寝ている方が多い。しかし、夜になると活発に動く。コガネムシやガ、セミなどの昆虫のほか、時にはコウモリや小鳥なども捕まえて、巣穴にいるひなや雌に与える。雄は夜、「ホッホッ、ホッホッ」と特徴のある声で鳴く。遠くからでもよく聞こえる。

巣立ち後は親子で森の奥へ

　7月の終わり、巣立ちの時期が近づくと、雌も巣穴を出て見張りを続ける。夕方、巣穴の入り口にいたひなが翌朝、近くの枝に移動している。巣立ちだ。ひなたちは外の世界に興味津々。首を回したり、あくびをしたり、伸びをしたり…。体はモコモコして、とてもかわいい。数日後、親に導かれ森の奥へと姿を消す。全長29センチ。

（溝杭義晃）

サンコウチョウ

夏鳥

「月、日、星」で三光鳥

　本州以南に飛来する。「月、日、星（ツキ、ヒ、ホシ）ホイホイ」と鳴くので「三光鳥（サンコウチョウ）」と呼ばれる。くちばしと目の周りがコバルトブルー。尾がとても長い。あまりにも長過ぎて飛びにくいのではないかと思うが、林の中をヒラヒラと優雅に飛んでいる姿を見ると、まるでジャングルにいるような気分になる。探鳥会でも大人気だ。

コップのような巣を作る

　雄も雌も鳴く。よく茂った林を好み、樹皮でコップ状の巣を作り、外側にウメノキゴケをクモの糸で貼り付ける。雄が抱卵している時は、長い尾が巣から飛び出している。気性が荒く、ほかの鳥が巣に近づくと激しく追い払う。世界でも日本や台湾などでしか繁殖していない。近年、よく見られるようになってうれしい。全長は雄45センチ、雌17センチ。　（三谷／三谷）

サンショウクイ

夏鳥　レッドリストC

名前の由来は山椒から

　春に東南アジアから渡来する。名前の由来は「ピリッ、ピリッ」と鳴くから。なるほど山椒は食べるとピリッとする。面白い名前の付け方だ。一時激減したが、最近は少しずつ回復傾向にある。本種は夏鳥だが、沖縄などに一年中すむ亜種のリュウキュウサンショウクイが勢力を北に広げ、本州でも見られるようになった。全長20センチ。　　（三谷／溝杭）

ミソサザイ

留鳥

渓流で鳴く チョコレート色の鳥

　山地から高山帯まで広く生息する。沢沿いの暗い林や、岩、根が地表に現れた起伏の多い林を好む。チョコレート色の小さな体で、繁殖期には尾を立てて、渓流の音に負けないくらい大きな声で、「ピピピ、チュイチュイ…」と複雑にさえずる。土のくぼみなどにコケで巣を作り、内部に羽毛を敷いて4〜6個の卵を産む。全長11センチ。

（三谷／森田）

クロツグミ

夏鳥

森で一番の大きな声

　ツグミの仲間で、30〜40年前は氷ノ山など高山に渡来していたが、近年は低山でも見られるようになった。高い木の枝にとまり「キョロイ、キョロイ…」と大きな声でさえずるので、かなり離れた場所でもよく聞こえる。ほかの鳥の声が聞きとりにくくなるほどだ。日本が主な繁殖地。夏鳥だが、少数が越冬している。全長22センチ。

（三谷／溝杭）

マミジロ

夏鳥　レッドリストB

くっきりとした白い眉斑

　朝来市の高原の林道を歩いていると「クマに注意」の看板。クマには今までに2回、出合ったことがある。この時は必死で逃げた。突然、黒い鳥が目の前を横切った。鳥なら追いかける。ツグミの仲間で、目の上の白い紋「眉斑（びはん）」がよく目立つ。白と黒だけのシンプルな色彩だが、その対比が美しい。山地で少数が繁殖する。全長23センチ。

（森田／森田）

コマドリ

夏鳥　レッドリストB

馬のいななき？
日本三鳴鳥

標高1000メートル級の山を歩く。霧が立ち込めた雨模様の登山道に、ひょっこり出てきた。頭から胸にかけての明るいれんが色が美しい。「ヒン、カラカラ…」と馬のいななきに似たさえずり、だから駒鳥という。日本三鳴鳥の一つ。近縁のヨーロッパコマドリ（英名はロビン）もイギリスでは人気がある。全長14センチ。　　（山子／溝杭）

コルリ

夏鳥　レッドリストB

クマザサの中の青い鳥

雄の上面が青い。山奥のクマザサの中にいるので姿を見ることは難しい。さえずりに特徴がある。「チッ、チッ、チッ、チッ」の前奏に続いて、「チージョイ、ジョイ、ジョイ」と鳴く。私はいつもコマドリとコルリを聞き違えるので、前奏が確認できるまでその場を離れられない（コマドリは前奏がない）。全長14センチ。　　　　（山子／溝杭）

ヤブサメ

夏鳥

声は高齢者には聞こえない？

尾の短いウグイスのような姿をしている。初夏、森林で虫のような声で「シシシシシ…」と鳴く。周波数が他の鳥に比べると非常に高く、高齢者には聞こえにくい。しかも姿を見ることはなかなか難しい。運よく見ることができても、薄暗いやぶの中をネズミのように動き回っていることが多い。何だか鳥らしくない鳥だ。全長11センチ。
（黒田／黒田）

ホオアカ

夏鳥（一部越冬）　レッドリストA

高原で極めて少数が繁殖

ホオジロの仲間で頬が赤い。夏、主に中部日本以北で繁殖するが、但馬地方の高原でもさえずりを聞く。冬に加古川や姫路の農耕地の草むらで観察したことがあるが、まれだ。地味な色彩で、自然の中では周りの風景に溶け込んでしまうため、見逃していることも考えられる。ホオジロの仲間を見かけたら顔の色に注意しよう。全長16センチ。
（黒田／黒田）

ホオジロ

留鳥

「一筆啓上、仕り候」と鳴く

姫路市の書写山に登る道を歩き始めて約10分。そこにある電線で、いつもホオジロがさえずっている。聞きなしは「一筆啓上、仕り候」。胸が赤茶色で尾が長い。この個体は春から夏はいつもこの場所にいるが、気になるのは、繁殖期でもない秋にもさえずることだ。この時期に翌春の先取りで鳴き続けるのは、真面目でひたむきな性格の雄に多いらしい。

識別が難しいホオジロ類の雌

雌は顔の模様が茶色い（下の写真）。ホオジロ類の雌の識別は容易ではない。まず胸の色を見る。ホオジロは無地の赤褐色。そして腰の色も大切な識別ポイントで、明瞭な赤褐色だ。生息環境も種類によって違う。ホオジロは明るい場所にも出てくるが、アオジは暗い茂みの中にいることが多い。カシラダカは木の枝によく止まる。全長17センチ。

（山子／森田）

コゲラ

留鳥

一番小さい身近なキツツキ

　日本にいるキツツキの仲間では最小。平地から高山まで広範囲に生息しており、明石公園や姫路公園など市街地の林でも見られる。「ギィーッ、ギィーッ」と鳴く。木に垂直に止まることができ、錐(きり)のようなくちばしで表皮をつついて隠れている虫を食べる。巣は直径約4センチ、深さ約15センチの穴をコツコツ開けて作る。大変な労力だ。全長15センチ。

（三谷／森田）

アオゲラ

留鳥　レッドリストC

日本にしかいないキツツキ

　鳴き声は「キョッ、キョッ」、繁殖期は「ピョー、ピョー」と高い声で鳴く。低山から高山にかけて広く生息し、コゲラよりも豊かな森を好む。幹を垂直に移動しながら樹皮の下にひそむ昆虫などを食べるが、木の実も好物。北海道を除く日本にしかいない。北海道には大陸にもいるヤマゲラが生息。全長29センチ。

（三谷／溝杭）

アカゲラ

留鳥　レッドリストC

赤い帽子がおしゃれ

　山地の林にすむ。背中に逆八の字の白斑があり、よく似るオオアカゲラと区別することができる。飛翔時に「キョッ、キョッ」と鳴くが、アオゲラも同じような声を出すので、鳴き声だけによる識別は難しい。木の皮などをつついて昆虫を捕食する。雄の成鳥は後頭部が赤く、名前の由来になっている。全長24センチ。　　　（三谷／溝杭）

オオアカゲラ

留鳥　レッドリストB

深い山地にすむ大型のキツツキ

　アカゲラと姿や習性がよく似ているが、オオアカゲラの方がやや大きく、胸から脇にかけて黒い縦斑がある。アカゲラよりも深い山地にすみ、生息数は少ない。昆虫を主食とするが、木の実を食べることもある。くさび形をした尾は堅くしまり、木の幹に縦に止まる時に体を支える働きをする。全長28センチ。
（三谷／三谷）

イカル

留鳥

さえずりは「お菊二十四」

　黄色く太いくちばしで、木の実の堅い殻をかみ砕いて中身を食べる。小さな群れで「キョッ、キョッ」と鳴きながら飛ぶ。さえずりは「キーコキー」で、「お菊二十四」「蓑笠着い」の聞きなし（鳥の声を言葉に置き換えたもの）が知られる。兵庫県太子町鵤や奈良の斑鳩の地名の由来とも言われる。昔からよく目立つ鳥であったようだ。全長23センチ。
（山子／溝杭）

コシアカツバメ

夏鳥

尾が長く、腰が赤茶色

　ツバメよりも尾が長く、腰が赤茶色をしている。県内には3種類のツバメが繁殖、それぞれうまくすみ分けている。ツバメは人家で、イワツバメはコンクリート製の橋で、コシアカツバメは学校など鉄筋コンクリート製の建物で繁殖する。巣は、とっくりを縦半分に割ったような形で、複数の巣が集まっていることもある。全長19センチ。
（三谷／三谷）

イワツバメ

夏鳥（一部越冬）

コンクリート製の橋の下で繁殖

　尾の短い小型のツバメで、腰が白い。主にコンクリート製の橋の下に土で巣を作る。もともと県内では日本海側に多く、漁港の建物にも営巣していた。市川水系を朝来市から南へ下りながら、繁殖調査をしたことがある。その時は福崎町まで巣が見つかった。その後、だんだんと南下が確認され、今では姫路市南部でも繁殖。ついに兵庫県の北から南までつながった。

足に白い毛が生えている

　近所でイワツバメが飛び交うようになり、よく観察に出掛ける。ツバメの仲間はどれも目がつぶらで、愛らしい顔をしている。その中でもイワツバメは特にかわいい。秋になると他のツバメたちは南方に渡り去るが、イワツバメは冬を越すものもいる。足に白い毛が生えているので、寒さに強いのかもしれない。新温泉町の鳥。全長13センチ。

（森田／森田）

イソヒヨドリ

留鳥

さえずりが美しい青い鳥

　「磯にいるヒヨドリのような鳥」が名前の由来。しかし、ヒヨドリの仲間ではない。雄は少しくすんだ青い羽とレンガ色のおなかをしている（上の写真）。雌は全体的に茶褐色の体。さえずりはとても美しい。海岸近くに生息していたが、だんだんと内陸部に進出し、今では海岸から遠く離れた集落でも普通に見られるようになった。生息地を拡大している鳥の一つだ。

ハヤブサの近くでも繁殖

　岩場でも繁殖するので、同じ環境で暮らすハヤブサと一緒に見ることがある。驚くことにハヤブサがいない時は、その巣に止まったりすることもある。時々、ハヤブサがイソヒヨドリを襲うことがある。しかし、ハヤブサとの距離があまりにも近すぎるために、うまく逃げ切るタイミングを知っているようだ。怖くはないのかなぁ。下の写真は雌。全長23センチ。

（三谷／溝杭）

カルガモ

留鳥

1年を通して見られるカモ

　ほとんどのカモたちは、春になると北の地方に渡っていくが、カルガモは1年を通して県内に生息する。河川敷で寝ているところやため池でのんびりと泳いでいるのを見ることが多い。カモの中では珍しく、雄も雌も同じ色彩の体をしている（一般的にカモの仲間は雄の方が派手）。体の色が少し濃い方が雄。くちばしの先はだいだい色で足は赤い。

お母さん、子育てに奮闘

　東京のカルガモ親子のお引越しは毎年のように、ニュースで取り上げられるが、県内でも普通に繁殖する。10個以上の卵を産み、子育ては雌だけが行う。下の写真では見分けがつきにくいが、先頭がお母さん。ひなたちはお母さんと同じくらい大きくなっても、移動中はいつも後ろを一生懸命についていくのがほほ笑ましい。全長61センチ。

（森田／森田）

カイツブリ

留鳥

泳ぐのに適した体の作り

カイツブリの仲間では体が一番小さく、顔や首は赤褐色。くちばしの根元の黄色が目立つ。河川や池に生息し、「キュルルル」とよく通る声で鳴く。古名は鳰（にお）。水に入る鳥という意味で、琵琶湖はこの鳥がよく見られることから鳰海（におのうみ）とも呼ばれている。足は体の後方につき、足指もひれ状で、泳ぐのに適した体の作りになっている。

卵を守るため、浮巣で繁殖

カイツブリのいる自宅近くのため池。ちょっとのぞいて見ると、浮巣に卵が3個ある。親が神経質そうに卵の位置を調整して座り込む。突然のびをするように立ち上がり、水中に飛び込んだ。自分の頭くらいの水草の塊をくわえて戻ると、卵の周りに並べる。外敵が近づくと、親はこの水草を卵にかぶせて、自分は水中に逃げる。全長26センチ。　（山子／溝杭）

コサギ

留鳥

黒いくちばし、黄色い足指

　シラサギ（姫路市の鳥）は白いサギの総称である。しかし、シラサギという名前の鳥はいない。種類により大きさ、くちばしや足指の色がそれぞれ違う。コサギのくちばしは黒く、足指は黄色。繁殖期には後頭部から２本の冠羽(かんう)が伸び、背中の羽がカールする。川の浅瀬を移動しながら、足をプルプル震わせて魚を追い出している光景がよく見られる。

みんなで集まって繁殖

　サギたちは、春になるといろいろな種類が集まってコロニー（集団繁殖地）を作る。コロニーに占めるコサギの割合は、ほかのサギに比べると高い。カラスたちが卵を狙ってやって来るが、集団の方が防御しやすいため、コロニーはサギにとって最も安全な場所といえる。コサギの卵はきれいな水色をしている。全長61センチ。　　（山子／森田）

チュウサギ

夏鳥　レッドリストC

くちばしの色が黒から黄へ

　名前の通り、ダイサギとコサギの中間の大きさ。春に南方から渡って来る。夏のくちばしは黒いが、繁殖期を過ぎると黄色くなる。このようにくちばしの角質部分の色が、季節によって変化する鳥は珍しい。ダイサギも同じように色が変わるので、この2種の識別は結構難しい。チュウサギの方がくちばしは短く、おでこが膨らんで見える。

カエルや昆虫を食べる

　かつてチュウサギはコロニーの中で最も多いサギだったが、だんだん減っている。食べ物は他のサギのような魚ではなく、水田や湿地、草地にすむカエルや昆虫が中心。農薬などの影響で小動物が少なくなると、チュウサギの生息環境も悪化する。1羽でいることが多く、見かけるとつい応援したくなる。全長69センチ。(山子／森田)

ダイサギ

留鳥

電光石火で魚をキャッチ

　日本では最大級のサギ。コサギと並ぶとくちばしや首の長さが全然違う。大陸で繁殖し冬鳥として渡ってくる亜種ダイサギと、夏鳥として渡来し日本で繁殖する亜種チュウダイサギの2種類がいる。すねの色が淡黄色は前者で、黒い色か淡黄色は後者。浅瀬で静止し、水面を見つめ続け、近づいてきた魚を一瞬で捕らえる。上の写真はチュウダイサギ。

眼先のアイシャドーが魅力的

　ダイサギは亜種チュウダイサギが夏に、亜種ダイサギが冬に、日本にいることになる。ややこしいサギだ。他のサギたちと一緒にコロニーを作る。繁殖期の羽はレース状になって美しい。また、眼先が緑青色のアイシャドーをしているように変化する。サギの魅力はたくさんあるが、この婚姻色を見るのも楽しみの一つだ。全長90センチ。

（山子／溝杭・森田）

アマサギ

夏鳥

亜麻色の美しいサギ

　夏羽は頭と背中が亜麻色で、他のサギと見間違うことはない。水田や畑などの農耕地で見られる。トラクターの後ろをついて歩き、飛び出してきたバッタやカエルなどを捕らえることも。世界中に広く分布している。東南アジアを紹介する写真やテレビ番組で、水牛の背中に乗っているサギを見ることがあるが、これがアマサギだ。

繁殖地を北に拡大

　かつては関東以北での繁殖は少なかったが、次第に分布域を広げている。アマサギと似た環境にすみ、昆虫などを食べるチュウサギが減ってきているのとは正反対である。この原因はまだ明らかになっていない。チュウサギは単独でいるが、アマサギは群れでいることが多い。どちらも秋には南に渡っていく。全長51センチ。

（山子／溝杭）

アオサギ

留鳥

首を折り曲げて飛ぶ

　日本最大級のサギ。サギとツルとコウノトリは、遠目にはよく似ている。違いは飛んでいる時、首をS字に折り曲げているのがサギ。ツルとコウノトリは首を真っすぐに伸ばしている。また、サギとコウノトリは木にも止まり、ツルはいつも地上で生活する。日本画によく描かれているツル（タンチョウ）は松の木に止まっているが、生態的にはおかしい。

人との共生を探る

　かつてはまれな鳥だったが、近年は普通に生息し、県内でもコロニーが各地にある。水質の改善により魚が増えた成果だ。しかし、サギ類の繁殖地周辺に人家があれば、鳴き声やふん、腐った魚の臭いなどで社会問題になる。最悪の場合、駆除されることもあり、野鳥愛好家としては苦悩している。全長93センチ。

（三谷／三谷・森田）

ゴイサギ

留鳥

醍醐天皇ゆかりの名前

醍醐天皇に五位(昔の位の一つ)の階級を与えられたことから「五位鷺(ゴイサギ)」と呼ばれるようになったという(平家物語)。いわれを知れば、冠羽がおしゃれで、色彩も高貴に感じる。主に夜間に活動し、暗闇の中を「クアッ」と鳴きながら飛ぶことから「夜ガラス」という別名も。ウオーキング中にこの声を聞いた人もあるのでは。

若鳥はホシゴイと呼ばれる

ゴイサギも他のサギたちと一緒に集団で繁殖している。若鳥(下の写真)は親と変わらない大きさであるが、成鳥とは別種かと思うくらい羽の色が違う。全体に褐色をしており、頭や背、翼に黄褐色の斑点がある。それが星のように見えることから「星五位(ホシゴイ)」とも呼ばれている。成鳥になるまで約3年かかる。全長58センチ。(森田/森田)

ササゴイ

夏鳥　レッドリストC

転々と変わる繁殖地

　姿はゴイサギに似ているが、羽にササ状の模様があることから笹五位(ササゴイ)。コロニーは仲間だけで作る。1990年代、姫路城近くの駐車場のケヤキに約30個の巣があった。ところが、ふんで車が汚れるという理由で、人間が取り除いてしまった。その後、ここにいたササゴイの繁殖地は転々と変わっている。貴重な鳥だけに今後が心配だ。上の写真は巣立ち直後のひな。

特技はルアーフィッシング

　川べりに単独でいることが多く、水面近くを低く飛ぶ。甲高い声で「キューゥ」と鳴く。姫路城の堀で、くわえた発泡スチロールの切れ端を水面に放り投げて、寄ってきた魚を捕まえるのを見たことがある。まるでルアーフィッシングをしているようだった。サギの仲間はよく面白い行動をする。全長52センチ。

（三谷／森田）

ヨシゴイ

夏鳥　レッドリストA

ハスの葉陰でひっそり

　ハスが茂る池で小さなサギを見つけた。首から腹にかけて茶色の縦じま模様がある。ヨシゴイの幼鳥だ。茎に両足をかけて止まっていたが、ゆっくりと片足を伸ばし、隣の茎に足をかけた。上空をトビが舞う。くちばしを上に向け首を伸ばし、直立不動の姿勢をとった。枯れ草に似せた擬態のポーズだ。全長36センチ。　　　（溝杭／溝杭）

クロサギ

留鳥　レッドリストB

海岸でカニや貝を探す

　体の色で黒色型と白色型に分けられる。九州以北にいるのはほとんどが黒色型。白色型はクロサギという名前ながら、コサギとそっくりで体は白く、南西諸島などに多い。写真は西播磨の海岸で見かけた黒色型。岩場でカニや貝などを探している。潮が満ちてくると、低空をゆっくりと羽ばたきながら岩陰に隠れてしまった。全長62センチ。
　　　　　　　（溝杭／溝杭）

鳥を知ろう 1

恐竜が進化？

　恐竜は今から約6600万年前に絶滅したと学習したが、最近の研究によると、実は絶滅してなくて鳥がその進化形だという。羽毛のある恐竜の化石が発見されるなど根拠もある。全世界で約1万種、現在も繁栄し続けている鳥類。最も過酷な環境の南極にもペンギンがいる。しかし、かわいい顔をしたイワツバメと恐竜のイメージがどうも結びつかない。

イワツバメ

優れた飛行能力を持つ

　鳥の最大の特長は空を飛べること。体の仕組みに、いろいろな工夫が見られる。例えば、骨は中が空洞になっており軽くて丈夫。肺機能が発達し、高度の飛行にも耐えられる。中でもトビは優れた飛行能力を持つ。上昇気流をうまく捉え、羽ばたかずに凧のように長時間くるくると舞う。羽を微妙に操りながら首をキョロキョロ動かし、懸命に食べ物を探している。

トビ

一年中同じ場所で生活

　スズメやヒヨドリのように一年中、同じ場所で生活する鳥を留鳥という。しかし、調査によればスズメは国内を移動するものがいることが分かった。ヒヨドリも北の地方にすむものは、寒くなると暖地に移動する（漂鳥）。鳥類は食べ物を求めて遠方まで飛んで移動できるが、多くの哺乳類は冬眠するか、空腹に耐えながら冬を越す。

ヒヨドリ

海を越え飛来（夏鳥、冬鳥）

　春に東南アジアなどから飛来して日本で繁殖し、秋に帰る鳥を夏鳥（ツバメやオオルリ、キビタキなど）という。反対に秋にロシアや中国などから飛来して日本で冬を越し、春に帰る鳥を冬鳥（カモやカモメの仲間、ツグミなど）という。日本に来る渡り鳥は1年に2回、海を渡らなければならない。途中の島々が中継地として重要な役割を果たしている。

キビタキ

長距離を移動（旅鳥）

　渡りの途中、日本に立ち寄る鳥を旅鳥という。チュウシャクシギなどシギやチドリの多くは北半球から南半球の間を移動する際に、春と秋の年2回、日本の干潟やため池、ハス田などを中継地として利用する。まれに南の海上で生活している鳥が、台風の風に乗って飛来することがある（迷鳥(めいちょう)）。観察されるとニュースになる。

チュウシャクシギ

くちばしの働き（巣材集め）

　くちばしは食べること以外にも、いろいろな役割を果たす。特に器用にくちばしを使って巣を作るのには驚かされる。エナガは小枝やコケ、クモの糸などを使って袋状の巣に仕上げると紹介したが、卵を産む「産座」には特に気を配り、抜けた羽毛やイヌの毛などをせっせと集めてフカフカの状態にする。巣は繁殖のためだけに使われ、終われば放棄する。

エナガ

くちばしの働き

　くちばしはとても大切な器官。食べ物を捕らえるために、さまざまな形に進化している。細いものや長いもの、

キアシシギ（手前）、ソリハシシギ（奥）

太いもの、細いもの、上に反ったもの、下に湾曲したものなど。鳥は歯がないので食べ物は丸のみにする。また、巣を作るために、裁縫のように巣材を編み込む器用な鳥もいる。写真はキアシシギとソリハシシギ。

立派なくちばし

　小鳥のくちばしもシギ類ほどではないが変化に富む。メジロやヒヨドリなど花の蜜を吸うものは細くて長い。木の実を好むものは太くて大きい。特にシメは立派なくちばしをしている。堅い殻をかみ砕いて中身を食べることができるので、ほかの鳥では手に負えない木の実を独占することができる。くちばしの形を見ると、その鳥の食生活がよく分かる。

（森田俊司）

シメ

鳥の声を知ろう

繁殖期に聞く美しいさえずり

　野鳥の姿が確認できれば種の判別もしやすいが、山の中では木の枝や葉の陰に隠れるため姿が見えないことがあり、判別に迷う場合がある。そういう時は鳴き声が頼りになる。

　いろいろな鳥たちの鳴き声を知ることは種を特定するだけでなく、彼らの生活の一部を理解することができる。声を聞くだけで鳥たちの今の状況が想像できて楽しい。

　繁殖期に鳴く声を「さえずり」という。縄張り宣言やつがいの相手を見つけるための鳴き声を指し、美しい旋律で鳴くことが多いことから鳥の歌ともいわれる。とりわけ美しい鳴き声の持ち主であるウグイス、オオルリ、コマドリは、「日本三鳴鳥（さんめいちょう）」と呼ばれている。さえずるのは雄がほとんどだが例外もあり、タマシギは雌が夜に鳴いて雄を誘う。また、ホオジロやヒバリは、春以外に秋もさえずることがある。

人には聞き取りにくい声や、クラッタリングも

　さえずりは普通、よく通る声で鳴くが、人間に聞き取りにくいものがある。ヤブサメは「シシシシシ…」と虫のような声で鳴く。周波数は8〜9キロヘルツと高齢者には聞き取りにくい音域である。渡りの途中の4月、5月には夜中に木の高いところで一晩中さえずっている。不思議な行動だ。

　キツツキのドラミングやヤマドリの幌（ほろ）打ち、コウノトリのクラッタリングなど繁殖期に見られる行動もさえずりによく似たものと考えられる。

オオルリ

つぶやくような地鳴き

　春先の暖かい日にモズが木の枝に止まって、尾をくるくると回しながら、ブツブツとつぶやいているような声で鳴いていることがある。「ぐぜり」、あるいは「サブソング」ともいう。鼻歌でも歌っているような心持ちだろうか。モズ以外にムクドリやメジロもさえずりの中に、他の鳥のさえずりを入れてつぶやくように鳴いていることがある。その理由はよく分からないが、気分がよくて落ち着いている時に鳴くようだ。

モズ

地鳴きの違いを聞き分ける

　地鳴きはさえずりと異なり、繁殖期以外の声をいう。短く地味な声で雌も鳴く。例えばウグイスは「チャッ、チャッ」。ホオジロは「チチッ」。アオジは「チッ」。耳で聴くとよく似ているが微妙な違いが分かるようになると、どんどん地鳴きの面白さにはまる。聴力を鍛えよう。

ウグイス

鳥の声を知ろう

声でコミュニケーションをとるシジュウカラ

　身近な鳥のシジュウカラは胸に黒いネクタイのような模様があり、愛らしい姿で人気があり、いろいろな声を出すことが知られている。

　最近の研究で、親は外敵のカラスとヘビから巣内のヒナを守るために、2種類の声を使い分けて警告を発していることが分かった。

　ハシブトガラスが巣に近づくと「チカチカ」という甲高い声を、アオダイショウが近づくと「ジャージャー」としわがれた声で鳴く。

　ヒナたちは声を聞いてカラスだと巣の中で静かにうずくまり、ヘビだと巣から飛び出して逃げる。また、群れから離れた時やおいしい食べ物を見つけた時なども、いろいろな声を組み合わせて仲間たちにメッセージを送る。

ほかの鳥とも話しているのか？

　シジュウカラはエナガなどと混群をつくる。その際に、ほかの鳥たちとのコミュニケーションをとる時も声を役立てているのかもしれない。

　野鳥の世界を知れば知るほど、新しい興味は尽きない。　　　（黒田治男）

シジュウカラ

夏

カッコウ

夏鳥

子育ては他の鳥におまかせ

カッコウの仲間は春、東南アジアから渡来し、托卵という独特の方法で繁殖する。托卵相手はカッコウの場合、ホオジロやモズなど。隙を狙って巣の卵を1個取り除き、自分の卵を1個産む。最初にふ化したカッコウのひなは、他の卵を背中に乗せて全て巣の外に放り出す。食べ物を独占し、やがて育ての親よりも大きくなる。全長35センチ。

（三谷／溝杭）

ツツドリ

夏鳥

竹筒の口をたたくような声

山地に渡来し、センダイムシクイなどに托卵する。渡りの途中に公園でよく好物の毛虫を食べている。カッコウの仲間はどれも姿が似ているが、鳴き声を聞けば簡単に識別できる。ツツドリは「ポポッ、ポポッ」と鳴く。竹筒や茶筒の口を手のひらでたたく音に似ているので「筒鳥」という。山に響く不思議な声だ。全長33センチ。

（三谷／溝杭）

ジュウイチ

夏鳥　レッドリストC

標高の高い山に生息

　生息地は、托卵相手の鳥がすんでいる場所と密接に関係している。コルリに托卵するジュウイチは、コルリに合わせて、県内では氷ノ山など標高の高い山で見られる。鳴き声は「ジュウイチー」。声がそのまま名前になっている。また、「ジヒシン」とも聞こえるので、「慈悲心鳥」の別名がある。全長32センチ。　　　　　（三谷／溝杭）

ホトトギス

夏鳥

鳴き声は有名な「特許許可局」

　カッコウの仲間では一番身近な種類。市街地近郊の山でも「特許許可局」「テッペンカケタカ」と、特徴のある声が聞こえる。夜も飛びながら鳴く。托卵先は主にウグイス。ホトトギスが近づくと警戒するが、巣をわずかに離れた時を狙って、ウグイスの卵によく似たチョコレート色の卵を産む。托卵は高度な繁殖方法だ。全長28センチ。　　　　　（三谷／溝杭）

ハクセキレイ

留鳥

お尻を上下に振りながら歩く

かつて、国内では東日本以北で繁殖し、県内では秋に渡ってくる冬鳥であったが、近年繁殖地を西日本まで拡大し、今では一年中見られる。顔が白く、目の上を黒い線が通る。「チュチュン、チュチュン」と鳴きながら、波形を描くように飛ぶ。古くからセキレイ類は、お尻を上下に振りながら歩く様子から、「石たたき」と呼ばれている。全長21センチ。

（森田／森田）

キセキレイ

留鳥

渓流にすむ黄色い鳥

山地の渓流沿いにすみ、寒くなると平地に降りてくる。他のセキレイと比べると数は少ない。体はスリムで、夏は黄色味が増す。飛びながら「チチン、チチン」と金属的な高い声で鳴き、繁殖期は電線など目立つところでさえずる。空中に舞い上がり、飛んでいる虫を捕らえるが、長い尾をひらひらさせてとても華麗な動きをする。全長20センチ。

（森田／森田）

セグロセキレイ

留鳥

白と黒のツートンカラー

　世界中で日本周辺にしか生息していないので、外国のバードウオッチャーが見たら喜ぶ。河川や池、田んぼなどの水辺を好み、「ジジッ、ジジッ」と濁った声で鳴く。白と黒のツートンカラーがよく目立つ。近年、ハクセキレイが勢力を伸ばしている（日本以外にも大陸に広く分布）。生息する環境の重なる部分があるため、今後の状況を観察していきたい。

水辺を歩いて虫を探す

　若鳥（下の写真）は頭部から上面がグレー。渓流の岩場で一生懸命、水生昆虫を探していた。ハクセキレイは人懐っこい性質で、人間の近くまで平気でやって来るが、セグロセキレイはすぐに逃げる。島国気質の恥ずかしがり屋さんだ。同じセキレイの仲間でも性質が違うのが興味深い。宝塚市の鳥。市民アンケートで選ばれたそうだ。全長21センチ。　　（森田／森田）

シジュウカラ

留鳥

白い胸に黒いネクタイ

（山子／森田）

　山地から平地まで広く生息する。胸から下腹まで延びる黒いネクタイのような模様が特徴で、幅が太い方が雄（写真）、細い方が雌。さえずりは「ツツピー、ツツピー」。ヘビやタカなど天敵の種類によって親は警戒の声を変え、ひなはその声に合わせた行動をとる。巣穴から飛び出たり、奥で小さくなったり…。見事だ。全長15センチ。

ヤマガラ

留鳥

地鳴きは鼻にかかったような甘い声

　針葉樹の根元に落ちている種子をくわえては木の枝に持って上がる。器用に種子を両足で押さえ、くちばしで割って中身を食べる。地鳴きは「ニーニー」と鼻にかかったような甘い声。さえずりは「ピー、ツン、ツン」。私はこの「ツン、ツン」が鈴を振るような金属音に聞こえ、識別のポイントにしている。全長14センチ。　　（山子／三谷）

ヒガラ

留鳥

カラ類では最も小さい

　山地の針葉樹林に多い。カラ類の中では一番小さく、頭頂部に寝ぐせのような冠羽がある。喉の三角形の黒い模様と翼の2本の白い筋が特徴。シジュウカラはこれが1本で、コガラにはない。「ツピン、ツピン」と高い声でさえずる。枝先で動いていることが多く、下から見ると逆光になって、出合う姿はいつもシルエットだ。全長11センチ。　　　　　（山子／溝杭）

コガラ

留鳥　レッドリスト要注目

素敵な黒いベレー帽

　山地から亜高山の森林に生息する。他のカラ類のように季節によって移動することは少ない。まるで黒いベレー帽をかぶっているような顔がとてもかわいい。喉の黒い模様はヒガラのような三角形をしていない。また、翼に白い筋はない。さえずりは高い声で「ツチー、ツチー」。地鳴きは濁った声で「ツツ、ジェージェー」。全長13センチ。　　　　　（山子／溝杭）

ゴジュウカラ

留鳥　レッドリストB

ぽっちゃり体形だが身体能力は抜群

　山地の落葉広葉樹林に生息する。青みがかった灰色の体で、目に黒くて長いラインがかかる。優しい声で「フイ、フイ」と鳴く。尾が短いのでぽっちゃりと見えるが、身体能力は抜群だ。木の幹に頭を下にして垂直に止まり、くるくる回りながら下りてくる。冬に備え、木の実などをくちばしで樹皮の隙間に押し込んで隠すことも。全長14センチ。　　　（山子／溝杭）

ヨタカ

夏鳥　レッドリストA

夜中に飛びながら虫を捕らえる

　東南アジアから春に渡ってきて、夜に「キョキョキョ…」と鳴く。40〜50年前までは姫路市近郊でも声を聞くことができたが、今は山深い所でないと難しい。日中は枝に止まって休み、夜になると飛びながら口を大きく開いて虫を捕らえる。巣は作らず地面に直接、卵を産む。宮沢賢治の「よだかの星」の主人公だ。全長29センチ。

（三谷／三谷）

バン

留鳥

水草の上を上手に歩く

成鳥は全身が黒く、額の赤色が目立つ。幼鳥は灰褐色。池や河川、ハス田などに生息する。足指がとても長く、水草の上を歩くことができる。臆病で、あまり人前に出てくることはない。また、危険を感じると草むらの中に走って隠れる。普段はおとなしいが、縄張り争いの時は、尾を上下に動かし、羽の白い部分を広げて相手を威嚇する。

水辺の草むらで繁殖

繁殖期は4～9月頃。水辺のよく茂った草むらに、水草や枯れ草などを集めて皿形の巣を作り、5～10個の卵を産む。ひなはふ化後、数日で巣を離れ、親鳥から食べ物をもらいながら成長する。しかし、外敵に襲われることが多く、無事に成鳥まで生き延びることができる個体は少ない。全長32センチ。　　　（三谷／森田）

ミサゴ

留鳥　レッドリストA

ホバリングしながら魚を狙う

　魚を主食にするタカ。大きさはトビくらい。翼は細長く下面が白い。河川や池、海岸などでホバリング（停空飛翔）しながら、水面近くの魚（コイやボラなど）を狙う。目標が決まると急降下して、水に勢いよく足から飛び込む。公害で汚染された魚を食べた影響で、一時個体数が激減したが、現在は回復傾向にある。英名はオスプレイ。

マツの代わりに鉄塔で繁殖

　マツ枯れの影響で繁殖場所となる大木が減少し、営巣場所に苦労している。ところが最近、鉄塔のてっぺんで繁殖する個体が増えてきた。関係者には迷惑であろうが、絶滅の危機に瀕している鳥であり、できれば静かに見守ってほしい。繁殖期はライバルのカラスを相手によく空中戦をしている。全長は雄54センチ、雌64センチ。

（三谷／森田）

クマタカ

留鳥　レッドリストA

広い翼で抜群の飛翔力を誇る

　イヌワシと並んで食物連鎖の頂点に立つ。深い森にすむと思われているが、環境が守られていると、人里近くの山で見られることも。翼の幅が広く、飛翔時に浮力を得やすいことから、他のタカ類が自由に飛ぶことができない林の中でもスイスイ。木に止まって、ヤマドリやリス、ウサギなどの獲物が現れるのをじっと待つ狩りを得意とする。

一人っ子を大切に育てる

　産卵数はイヌワシが2個、ハヤブサが3～4個と複数だが、クマタカは1個だけ。イヌワシは11月になれば子別れが始まり、わが子でも容赦なく攻撃して、自分の縄張りから追い出す。ところが、クマタカは翌年の2月になっても若鳥に給餌をすることがある。猛禽類でもそれぞれ育て方に違いがある。全長は雄72センチ、雌80センチ。　　　（三谷／三谷）

カワセミ

留鳥　レッドリスト要注目

水中に豪快ダイビング

　コバルトブルーの美しい鳥。漢字で書くと宝石のヒスイと同じ「翡翠(カワセミ)」。雄はくちばし全体が黒く、雌はくちばしの下部分が赤い。清流にすむイメージだが、都会を流れる小さな川や城の堀にもいる。水辺の枝や杭に止まり、豪快に頭から水中に飛び込んで魚を捕らえる。「チー」と高い声で鳴きながら、高速で水面の上を一直線に飛ぶ。

自分で土手に巣穴を掘る

　ダイビングをする時、まぶたの内側にある半透明の瞬膜(しゅんまく)を閉じて目を守る。人間ならゴーグルをつけるが、カワセミは水中でも素早く安全に活動できる仕組みを持っている。繁殖期には雄が雌に魚をプレゼントする。雌が魚を受け取ればカップル成立。巣は土手の壁にくちばしで穴を掘って作る。巣の奥行きは50センチ以上にも達する。全長17センチ。

　　　　（山子／溝杭）

ヤマセミ

留鳥　レッドリストB

渓流にすむ幻の鳥

　大型のカワセミの仲間。冠羽が立派で人気があるが、近年は急激に数を減らしており、めったに出合えない。渓流の約5キロの間を縄張りとし、その範囲を行ったり来たりしている。途中、休憩場所や狩り場を決めているようだ。水中にダイビングしてイワナやヤマメを捕らえる。とてもグルメな鳥。全長38センチ。

（山子／溝杭）

アカショウビン

夏鳥　レッドリストB

みんなが憧れる赤い鳥

　真っ赤な体とくちばしが目を引く。奥深い森に渡来する愛鳥家の憧れの鳥だ。「キョロロロ…」と渓流に声がこだまする。繁殖期は梅雨の頃で、雨が降りそうな曇天に盛んにさえずるため、「雨乞い鳥」とも呼ばれる。ブナ林がどんどん伐採されて、豊かな森が消滅し、全国で減少している。全長27センチ。　（黒田／黒田）

キジバト

留鳥

夫婦仲がとても良い

　うろこ模様の羽が特徴。公園にいるドバトと違って群れない。電線に止まって大きな声で「デデー、ポーポー」と鳴く。夫婦一緒にいることが多く、体を密着させて、お互いに羽繕いをするなど、愛情表現も細やかだ。体が大きいためタカなどの標的になるが、羽がとても抜けやすく、万が一捕まった時には、羽が抜けてするりと逃げられる仕組みになっているらしい。

特別なミルクで一年中子育て

　木の枝を集めて粗雑な巣を作る。卵は2個産む。ひなが生まれると、雄も雌も体内の嗉嚢（そのう）で、ピジョンミルクというミルク状の物質を作り、口移しで飲ませる。ミルクは温めた牛乳にお酢を加えてできたチーズのような形状で、タンパク質や脂肪がたっぷり含まれている。食べ物の乏しい冬でも繁殖が可能な訳だ。全長33センチ。　（山子／森田）

ムクドリ

留鳥

人工物に営巣し、市街地に進出

　近年、まちに公園が整備され、実のなる木や虫が増えたこともあり、農耕地から市街地まで幅広く生息する。群れになって「ジャー、ジャー」と大きな声で鳴く。本来は木の洞に営巣するが、現在はほとんど人工物を利用。家屋のほかに道路の橋脚の隙間、送電線の鋼管の中などを使って子育てをする。人間の住む環境をうまく利用している鳥の一つだ。

大集団でねぐらを作る

　今から40年ほど前、揖保郡太子町の竹やぶに約1万2千羽ものムクドリのねぐらがあった。しかし、道路の建設で消失。各地を転々と移動した末に、JR姫路駅周辺の街路樹に集まるようになった。今度はフンや鳴き声が迷惑だと、人間があの手この手で追い出そうとしている。ムクドリたちは一体どこでねぐらをとればいいのだろうか。全長24センチ。

（三谷／森田）

ハシボソガラス

留鳥

くちばしが細く「ガー、ガー」と鳴く

県内にはハシボソガラスとハシブトガラスの2種類のカラスがいる。「嘴」とはくちばしのことだが、ハシボソガラスはくちばしが細い方で、おじぎをしながら「ガー、ガー」と濁った声で鳴く。よく生ごみをあさるので嫌われている。しかし、動物の死骸なども食べるため、衛生環境の保全に一役買っている。全長50センチ。　　（三谷／森田）

ハシブトガラス

留鳥

くちばしが太く「カー、カー」と鳴く

くちばしが太い方のカラスで、おでこが出っ張っている。「カー、カー」と澄んだ声で鳴き、両足でジャンプしながら歩く。ハシボソガラスよりも市街地を好む。女性の美しい黒髪は「カラスのぬれ羽色」と表現されるが、雨でしっとりした羽は角度によって黒色から、微妙に美しい青や紫などの色へと変わる。ぜひ観察してほしい。全長57センチ。
（三谷／森田）

ハヤブサの1年

留鳥　レッドリストB

　あらゆる鳥の中で最も高速で飛ぶといわれるハヤブサ。急降下する時の速度は時速300キロを超えるという。精悍な顔つきと美しい姿は世界中の人たちが畏敬の念を持つ特別の存在感がある。

　断崖絶壁で繁殖する鳥といわれているが、近年は都心部にも進出し、高層ビルや煙突などを利用して繁殖するものも現れた。それでも個体数は極めて少なく、なかなか見る機会はない。多くの人が一度は見たいという憧れの鳥である。

　最近のDNA鑑定で、スズメやオウムに近い仲間であると判明した。今はお互い似ても似つかぬ姿だが祖先は同じ。改めて鳥たちの進化の不思議さに驚かされる。

採石場の崖で子育て

　ハシボソガラスくらいの大きさ。以前は日本海の絶壁などで繁殖していたが、最近は意外と人里近くでも生息している。播磨地方は昔から姫路城の石垣にも使用されるほど採石が盛んで、放棄された採石場の崖で繁殖していることがある。交尾は1月末〜3月中旬にかけて行われ、卵を3〜4個産む。ハヤブサなどの猛禽類は、巣を守る雌の方が体は大きい。

雄は一日中、食べ物探し

　2017年は1月23日に交尾を観察、3月4日から合計4個の卵を産み、4月8日に最初の卵がふ化した。雄は産卵前から雌に食べ物を与え、ひながかえると、雌と自分の分を含め、毎日、6羽分の食べ物を確保しなければならない。雄の体は雌よりも一回り小さい。働きが悪いと大きくて強い雌に叱られるので、いつも必死に頑張っている。雌は、ひながある程度大きくなって保温する必要がなくなると狩りに出かける。

秋は子別れの時期

　それはある日、突然やってきた。それまで親は子どもたちと一緒に生活をしていたが、急に手のひらを返すようにしつこく攻撃を始めた。来春の繁殖のために、子別れをしなければならない時期がきたようだ。攻撃を受けた子どもはやがて親のテリトリーから遠ざかるようになる。それでも何度か営巣地に戻ってくるが、その度、親鳥から執拗に攻撃される。自然のおきては残酷だが、命が次の世代につながっていくためには必要なことだ。左の写真は若鳥。

ハヤブサの1年

巣材を使わないで巣作り

　巣作りで他の野鳥と違うところは、巣材を全く搬入しないことである。地面に直接、卵を産んで温める。しかし、くちばしに土がついていることがあり、産座付近を整えているのが分かる。また、巣内に生えている草を引き抜いているのを観察したことがある。3月頃に卵を産み、約1カ月にわたり雌が主になって抱卵する。雄もたまに交代するが、慣れないのか、ぎこちない姿勢で卵を温めている。

近年、市街地にも進出

　県内では日本海の断崖などで見られるが、近年、市街地にも進出している。食べ物となるドバトが多く生息しているのが理由の一つ。オオタカなど他の猛禽類も、都市環境にうまく適応するものが現れた。しかし、あまり巣に近づき過ぎると放棄する恐れがあるので、十分な配慮が必要だ。全長は雄42センチ、雌49センチ。　　（三谷康則）

鳥を知ろう 2

生え変わる羽

　鳥の世界では、雌は子育てをするため、年間を通してあまり目立たない地味な色彩のものが多い。しかし、雄の多くは全身の色が繁殖期と非繁殖期では大きく異なる。通常は夏の方が美しいが、カモの仲間は冬の方が美しい。冬の間に相手を見つけるためで、特にオシドリの雄は秋が深まるにつれて地味な色から、鮮やかな色に変わる。

オシドリ

尾羽のサインで警戒

　ホオジロやツグミの仲間は尾羽に白い紋がある。外敵が近づいてきたときは、仲間に危険を知らせるために、尾羽を広げて白い紋をパッパッと見せる（写真はホオジロ）。白い色は自然界ではとてもよく目立つ。人間の世界でも「降参しました」の意思表示に使うほどだ。鳥たちは鳴き声以外にもいろいろな身を守る手段を持っており、厳しい環境の中で生き抜く能力に驚かされる。

ホオジロ

足の役割―泳ぐ

　泳ぎが上手な鳥は多い。水鳥といわれるカモやカモメ、カイツブリ、ウの仲間は水かきがとても発達していて、空も陸も水も、どこでも大丈夫な万能選手だ。カイツブリは潜水が得意で、魚よりも素早い動きをする。一方で歩くのは不得意。足が体の後方についているため、よちよち歩きになる。飛ぶのも苦手で、外敵が近づくと水に潜って逃げる。

カイツブリ

足の役割―つかむ

　シジュウカラはドングリを両足で押さえ、くちばしでつついて中身を食べる。かなり力を入れないとドングリが動いてしまうので、上手に押さえている。タカやフクロウの仲間は鋭い爪のある足で獲物をつかむ。コサギは足を水草の中に入れ、プルプルと震わせて隠れているエビや魚を追い出す。頭がかゆい時はネコのように足でかく。（森田俊司）

シジュウカラ

夏の暮らし

水浴び大好き

　鳥はよく水浴びをする。小鳥は水たまりで、大きな鳥は池や川などの浅瀬で勢いよく羽をバタバタさせる。主な理由は体の汚れや寄生虫を取るためと考えられている。「カラスの行水」という言葉がある。お風呂に入ってもすぐに上がってくるたとえだが、見ていると確かに長時間は入っていない。水浴びは年中するが、夏が一番気持ちよさそうだ。

ハシボソガラス

水中に体をどっぷり

　コサギはいつも浅瀬を歩きながら魚などを探しているが、この時はどっぷりと水中に体を沈めていた。この状態では魚を捕まえることはできないし、身動きが取れない。暑いので涼んでいるのだろうか、身じろぎもせずにいる。あまり長時間、水に漬かっていると、羽の脂分が取れて活動に支障をきたすのではないかと、見ている方が心配になる。

コサギ

若鳥の独り立ち

　繁殖を終えた鳥たちは活動が静かになる。夏は野鳥観察には寂しい季節だが、独り立ちした若鳥があちらこちらで見られる。ハクセキレイの若鳥は顔がうっすらと黄色い。成鳥になると白くなる。近くまでやって来るので、じっくりと観察してみよう。これからは自分の力で自然界を生き抜くために、さまざまな試練を乗り越えていかなければならない。

ハクセキレイ

超過密の子育て

　サギはコロニー（集団繁殖地）を作る。まず春先にアオサギが、続いてダイサギやコサギ、ゴイサギたちがやって来る。過密が進んで、住宅事情は良くないが、お隣同士何とかうまくやっている。ひなの食欲は旺盛で、親は大量の魚を胃の中に飲み込み、吐き出して与える。鳴き声やフンの臭いが迷惑だと人間から嫌われ、なかなか安住の地は見つからない。

サギのコロニー

木陰で休む

　夏は繁殖後のため、野鳥の個体数は多いはずだがあまり姿を見ない。繁殖を終えた野鳥たちはさえずりを止めて静かになる。調査をしてもスズメやムクドリなど種類は非常に限られる。あんなに騒がしかったヒヨドリの声もほとんど聞かない。ハシボソガラスは木陰で犬のように口を開けてハアハア言っている。体が黒いだけに辛い季節だと思う。

ハシボソガラス

避暑地で暮らす

　モズは秋になると「キイキイ」と高鳴きをする（縄張り宣言）ので目立つが、夏はほとんど平地では見かけない。ところが高原に行くとよくいる。人間と同じように鳥たちも暑い平野部を逃れて涼しい所へ避暑に行くようだ。羽があるので、どこへも飛んで行けるのが鳥たちの強み。私たちの想像以上に快適な生活を送っているのに驚く。全長20センチ。留鳥。　　（森田俊司）

モズ

秋

ムナグロ

旅鳥

夏羽は白いラインが目立つ

　夏羽は背が黄色、黄褐色、黒色などのまだら模様で下面は黒い。眉から脇にかけて白くて太いラインがあり、このラインがムナグロの印象を強くしている。繁殖地のツンドラ地帯と越冬地の南半球を1年の間に往復し、日本には渡りの途中に立ち寄る。田んぼのミミズや昆虫、干潟のゴカイなど小動物が彼らの命を支えている。全長24センチ。　　　（山子／黒田）

ダイゼン

旅鳥　レッドリストC

美味なことが名前の由来

　平安時代、宮中の食事をつかさどる大膳という職があった。ダイゼンは美味のため食材としてよく使用されたのが名前の由来という。春と秋に干潟に渡来。ムナグロによく似ているが、ダイゼンには小さな後ろ足指がある。確認作業はとても難しく、見えないこともある。それでも知っていることが大切だ。全長29センチ。

（山子／溝杭）

ダイシャクシギ

旅鳥　レッドリストB

下方に大きく湾曲するくちばし

　くちばしが下方に大きく湾曲しているシギに、ダイシャクシギとホウロクシギがいる。大きさもほぼ同じで非常によく似ている。西播磨の海岸で、両種を同時に観察する幸運に恵まれた。黒褐色のまだら模様が全身にあるのは同じだが、下面が白く、飛び立った時に腰が白いのがダイシャクシギだ。全長60センチ。

（溝杭／溝杭）

ホウロクシギ

旅鳥　レッドリストB

くちばしは敏感なセンサー

　ホウロクの名前は焙烙(ほうろく)(素焼きの土鍋)が由来で、全体的に体は茶色い。春と秋に干潟に飛来。ゆっくり大股で歩いて、砂地の小さな穴にくちばしを突き立てる。隠れているカニの足をくわえて振り回し、胴体だけにして飲み込む。シギのくちばしは軟らかい。敏感なセンサーを持ち、獲物を確実に捕らえる。全長63センチ。　（溝杭／黒田）

キアシシギ

旅鳥

黄色い足が目印。カニが大好物

　大学で野鳥を学び始めた頃、怖い先輩がいた。遠くにいる鳥を見て「あれは何だ」と聞かれ、分からないと図鑑の角で頭をコツンとやられた。そうやって覚えた鳥の一つがキアシシギ。体を水平にした姿勢でいることが多く、足は黄色い。夏羽では胸から腹にかけての横じまが美しい。春と秋に干潟や河口などに飛来。カニが大好物だ。全長25センチ。（山子／黒田）

ソリハシシギ

旅鳥　レッドリストB

くちばしが少し上に反る

　干潟に1羽のソリハシシギがじっとしていた。風が強い日で、波に背を向けて体を水平にしている。風を上手に受け流しているようだ。20分くらいして突然、走りだした。その動きは驚くほど素早い。キアシシギとよく似た体形をしているが、くちばしが少し上に反っているので区別できる。肩の羽が黒い。全長23センチ。（山子／黒田）

エリマキシギ

旅鳥　レッドリストB

襟巻きの色で性格が違う

　雄の夏羽には、首の周りに襟巻きのような美しい羽がある。面白いことに襟巻きの色で性格が違うようだ。黒い雄は雌に積極的で、白い雄は黒い雄が離れた隙に雌に近づく。驚くことに雌に似た襟巻きのない雄もいて雌のふりをする。残念ながら県内に飛来するのは襟巻きのない冬羽や幼鳥だ。全長は雄32センチ、雌25センチ。写真は幼鳥。
（山子／溝杭）

ミユビシギ

旅鳥　レッドリストB

雪のように白い腹の3本指のシギ

　鳥の足の指は普通4本だが、ミユビシギは後ろの指が退化していて3本。腹は雪のように白い。春と秋に海岸の砂浜に渡来し、波打ち際を走り

回る。繁殖するのは極北地帯。よく通う砂浜で観察していた時のこと。近くで子どもたちが遊んでいても、人を見たことがないのか、全く警戒していなかったのに驚いた。全長19センチ。
（山子／溝杭）

コガモ

冬鳥

一番早く渡って来る冬の使者

　カモの仲間では最も早く、9月には北国から第1陣が渡来する。雄は栗色の顔で、目の周りから首の後ろにかけて緑色（上の写真）。しかし、渡来した直後は雄も雌のような地味な色の「非生殖羽」（エクリプスという）をしている。「ピリッ」と特徴のある声で鳴く。群れで生活し、一部は5月初めまで河川や池などで見られる。

雌の識別ポイントは黒いくちばし

　カモの雌はみんなよく似ている。コガモの雌はくちばしが黒く基部に少し黄色みがあること、体が小さいことが識別のポイントだ（下の写真）。また、行動は気まぐれで、コガモの群れに他のカモの雌がいることがあり、個体調査の時はよく混乱する。1羽だけの時も要注意だ。体の大きさが比較できないので識別が難しい。全長38センチ。　　（山子／森田）

コムクドリ

旅鳥　レッドリスト要注目

クリーム色の頭をしたムクドリ

　春に東南アジアから飛来し、本州中部以北で繁殖する。県内では春と秋の渡りの時期に、小さな群れが観察される。ムクドリより少し体が小さい。雄はクリーム色の頭をしており、金属光沢のある羽が美しい（写真）。移動しながら虫や木の実などを探す。ムクドリは人工物に巣を作るが、コムクドリは主に木の洞やキツツキの古巣などを利用する。全長19センチ。
（森田／森田）

ハリオアマツバメ

夏鳥

ツバメのようでツバメでない

　尾羽の軸が針のように露出しているので、漢字で書くと「針尾雨燕」。アマツバメ類は姿がツバメによく似ているが、別の仲間だ。生活圏は空中で、ほとんど地上には下りない。夏、山地のブナ林の中を縫うように滑空しているのを見たことがある。また、秋にタカの渡りを観察している時にも出現する。高速で飛ぶので写真撮影は至難の業だ。全長21センチ。
（黒田／三谷）

鳥を知ろう ③

群れか単独生活か

　群れで生活する鳥といえば、まずスズメが頭に浮かぶ（写真）。特に秋から冬にかけて大きな群れが見られる。群れる理由は食べ物が見つけやすいことや、外敵を発見しやすいことなどが考えられる。一方でモズやジョウビタキなどは繁殖期を除くと、雄も雌もそれぞれ自分の縄張りを持ち、単独で暮らす。種類によって生活スタイルが違うのが興味深い。

スズメ

雄が雌に魚をプレゼント

　人間の世界に似ているが、カワセミやコアジサシは求愛の時、雄が雌に魚をプレゼントする（写真はコアジサシ）。背びれなどが喉につかえないよう、頭の方から渡す心遣いも。雌が受け取ればカップル成立だ。しかし、いつもうまくいくとは限らない。コアジサシの調査をしていた時、埋め立て地に累々と小魚が散らばっていた。雌が受け取らなかったので、干物になった魚たちだ。

コアジサシ

子を守るため敵をあざむく（偽傷）

カラスはイヌやネコよりも知能が高いといわれる。堅いクルミを車道に置いて、車にひかせて割れた中身を食べるなど驚くような事例がある。小さなコチドリも負けてはいない。外敵がひなに近づくと、親は離れた場所で不自然に羽を広げてけがをしたふりをする（写真）。注意を自分に引き付け、その間にひなを逃がす。うちのネコは簡単にだまされそうだ。

コチドリ

カワウは鵜飼いには向かない？

夏の風物詩である鵜飼い。松尾芭蕉が長良川の鵜飼いを見て詠んだ「おもしろうて　やがて悲しき　鵜舟かな」という句が有名だ。中国ではカワウを使うが、日本では主にウミウを使う。カワウ（写真）も魚を捕らえる名手だが、ウミウを使うのには訳があるらしい。体の大きなウミウの方が深く潜れて、水底にいるアユを捕まえるチャンスが多いからという。

（森田俊司）

カワウ

面白い秋の渡り

大群で移動

秋は渡りの時期だ。ヒヨドリも寒くなる前に、北にすむものは暖かい南に移動する（写真）。兵庫県では終年見られる鳥だが、秋は数十から数千羽の大きな群れが通過していく。地元のヒヨドリたちは仲間が渡って行くのを見ると、大きな声を出すことがよくある。警戒しているのか、応援しているのか、よく分からないがとても興奮しているのが面白い。

ヒヨドリの渡り

夜空から鳥の声

秋の夜、ウオーキングをしていると、空からいろいろな鳥の声が聞こえてくる。ツグミ（写真）の仲間が発する「ツィー」という声。カモの羽音も聞こえる。鳥は夜、目が見えないと言われているが、実際は多くの鳥たちが移動している。夜はタカに襲われる心配がない。星空を背景にいろいろな鳥たちが渡って行く姿を想像する。何とか見えないものかと空に向かって目を凝らす。

ツグミ

本能で渡る

　日本で繁殖した夏鳥たちには、すぐに渡りの試練が待っている。センダイムシクイに育てられたツツドリの若鳥（写真）も移動の途中、木の葉についている毛虫を探して食べていた。本能といえばそれまでだが、越冬地の東南アジアまで飛んで行くのが不思議だ。それもひとりぼっちで…。鳥たちの行動は分からないことばかり。それも魅力の一つだ。

ツツドリ

カモたちがやってくる

　シベリアなど北の地方は冬になると氷の世界になるために、食べ物を求めて多くの鳥たちが移動する。そのため温暖な日本では冬鳥の方が種類は多い。特にカモの仲間は数多く渡ってくる。渡りはじめの雄の体は非生殖羽（エクリプス）で、雌によく似た地味な色をしているが、だんだんと美しい羽に変わっていくので継続的に観察しよう。写真は夏羽に変わりつつあるハシビロガモ。（森田俊司）

ハシビロガモ（左）

秋の暮らし

地味な声に変わる

　春から夏にかけて、にぎやかにさえずっていた鳥たちは、繁殖を終えると静かになる。ウグイス（写真）は「ホー、ホケキョ」（さえずり）から秋には「チャッ、チャッ」（地鳴き）と鳴き声が変わる。よく知られている鳥であるが、いつも茂みの中を移動するので姿を見る機会は少ない。地上でちょこちょこ食べ物を探しているのを見下ろすと、まるでネズミのようだ。

ウグイス

昼のねぐら

　ゴイサギは日中、木の枝に集まって休んでいる（昼のねぐら、写真）。日が暮れる頃に飛び立ち、池や川の岸で魚やエビなどの小動物を捕まえる。夜、水辺近くを歩いていると突然、「グアッ」と鳴いて飛び立つので腰を抜かす。しかし、だいたいいつも同じ場所にいるので、慣れてくると前もって分かるようになる。暗闇の中でゴイサギとにらめっこするのが楽しみだ。

ゴイサギ

夜のねぐら

　早朝、布団の中でごそごそしていると、ネコがやって来て顔をなめた。「早く行きなさい」。しぶしぶ着替えをして自転車で目的地へ。まだ薄暗い。サギたちは既に目を覚ましている。2、3枚写真を撮影したら、すぐにみんな飛んで行ってしまった。コサギやダイサギなどシラサギ類は夕方から集まってねぐらを作る（写真）。まるで白い花が咲いているようだ。

サギのねぐら

堅い実をかみ砕く

　とても堅そうな木の実でも大きなくちばしでかみ砕く。「バキ、バキ」と音がして、下から見上げている私の頭の上に殻がバラバラ落ちてくる。やがてイカル（写真）たちは次の木の実を求めて移動していった。衰弱したイカルを保護して、誤ってかまれた人の話によると、予想通りめちゃくちゃ痛かったそうだ。出合っても人を襲ったりはしないのでご心配なく。

イカル

冬に備えて貯食

　ヤマガラは秋になると木の実を集めて冬に備える。その能力の高さに目を付け、昔から芸を仕込んで、縁日などで披露していた。一例をあげれば神社に見立てたセットで、ヤマガラが硬貨をくわえてさい銭箱に入れ、鈴を鳴らしてほこらを開き、中にあるおみくじをくわえて戻ってくる。野鳥保護の観点からこの芸が廃れていったのはやむを得ないが、一度見たかった。

ヤマガラ

高鳴きとはやにえ

　秋になるとモズ（写真）は雄も雌もそれぞれが単独で暮らす。「キーッ」という高鳴きは縄張りを宣言しているのだ。この時期はみんながライバル。食べ物の豊富な場所を求めて争い、強い者が有利な場所を占有する。また、カエルや虫などを生きたまま木の枝に刺す「はやにえ」をする。厳しい冬を越すための貯食と考えられるが、時々忘れてそのままにしている。

モズ

羽を広げて日なたぼっこ

　日だまりでキジバトが日光浴（写真）。地上で羽を広げて気持ち良さそうだ。このように白昼堂々と長時間にわたって日光浴をする鳥は少ない。性格はおっとりしているようで、実はあわてんぼう。よく窓ガラスに衝突する。ハトは体の手入れに利用する粉綿羽（ふんめんう）というパウダー状に砕ける特殊な羽を持つ。そのため当たった瞬間、ガラスに魚拓ならぬ、鳥拓ができる。

キジバト

カメと日なたぼっこ

　姫路城の堀でアカミミガメが日なたぼっこ。気持ち良さそうに後ろ足を伸ばした。すると隣のカルガモもつられて足を伸ばした（写真）。カモの仲間は主に夜間、活動するので、日中はのんびりしていることが多い。狩猟期間中は猟区となる池などは危険だが、まちの中は安全だということを知っているようだ。鳥たちがゆったりと暮らせる環境を大切にしたい。

カルガモ（左）とアカミミガメ

黄色いくちばしに変わる

　ダイサギのくちばしは、夏は黒色だが冬になると黄色に変わる（写真）。繁殖を終えると、くちばしの角質部分に供給される色素細胞が減少するらしい。チュウサギも同じように黒色から黄色に変わるが、コサギは一年中黒い。くちばしの色はサギの識別ポイントだが、なぜ変わるのか、人間には分からない秘密が隠されているようで興味は尽きない。

ダイサギ

秋の暮らし

秋に里へ

　山地の渓流近くで生活していたキセキレイは、秋になると里の水辺に下りてくる。夏に比べると体の黄色みがいくぶん地味になる。じっとしている時がほとんどないくらい尾を上下に振りながら、せわしなく水辺を歩く。自宅前の川にはハクセキレイとセグロセキレイもよく来る。3種類が同時に見られることもあり、いつかは全員集合の写真を撮りたい。

キセキレイ

秋に暖地へ

　主に本州中部以北で繁殖しているアオジ。兵庫県では中国山地で繁殖の記録はあるが、夏季は見る機会は極めて少ない。しかし、秋が深まるにつれて食べ物を求め暖かい地方に移動。公園や河川敷などで生活し、草の実などをついばむ。「チッ」と小さな声で鳴く（地鳴き）。特に冬枯れの草むらの中を好み、なかなか姿を見ることは難しいが、暖かい日は姿を現す。

アオジ

越冬する

　秋に南へと渡るツバメの仲間で、一部残るものがいる。越冬ツバメと言われているが、中でもイワツバメは河川付近で比較的よく見られる。食べ物は空中を飛ぶ昆虫たち。川の水面をツバメがひらりと舞っているのを見ると、冬でも虫がいるのが分かる。以前、揖保川沿いで、ねぐらがどこにあるのか調べたことがあるが、夕闇にまぎれて分からなかった。

（森田俊司）

イワツバメ

ハチクマ

夏鳥　レッドリストB

硬い羽毛でハチの攻撃から身を守る

　春に東南アジアから渡来する。播磨や但馬地方で夏季に何度も観察しているので、県内でも繁殖していると思われる。求愛行動がユニークで、飛行中に両翼をV字形に上げて先端をパタパタとたたき合わせる。驚くことにスズメバチの巣を襲い、さなぎや幼虫を食べる。刺されたりはしないかと心配になるが、全身を硬い羽毛に守られているので大丈夫のようだ。

省エネ飛行で西を目指す

　9月中頃から秋の渡りが始まる。西（最終目的地は東南アジア）を目指すが、羽ばたきだけでは途中で体力を消耗してしまう。そこで山の頂に発生する上昇気流を利用する。くるくる旋回しながらどんどん高度を上げ、ある程度の高さに達すると羽をすぼめてグライダーのように滑空する省エネ飛行が得意だ。全長は雄57センチ、雌61センチ。

（三谷／三谷）

サシバ

夏鳥　レッドリストB

「ピックィー」と鳴く。繁殖数が激減

　夏鳥として渡来する。40〜50年前までは里山で普通に繁殖し、甲高く「ピックィー」と鳴く声がよく聞かれた。主にカエルやトカゲ、昆虫などの小動物を捕食する。近年、田んぼの荒廃や営巣に適したマツが枯れるなどの影響で、県内で繁殖するサシバがほんのわずかになってしまったのが、とても残念だ。気が付けばいつの間にかいなくなったタカ。

上昇気流に乗ってタカ柱を形成

　秋の渡りのコースは、9月末頃に明石海峡を渡り、淡路島を通って四国を横断し九州に。さらに南西諸島を南下して東南アジアへ。単独で渡るが、上昇気流が発生している場所では多くのタカが集まり、旋回しながら高度を上げる。その様子が、まるで蚊柱のように見えることから「タカ柱」と呼んでいる。全長は雄47センチ、雌51センチ。

（三谷／三谷）

ツミ

夏鳥（一部越冬）　レッドリストB

体は小さいが、気性は激しい

　夏鳥として渡来する。キジバトよりも小さく、日本産のタカの仲間では最小。小鳥や虫などを捕らえる。目にする機会は少ないが、渡りの時期にはよく観察される。タカの仲間では特に気性が激しく、気に入らないと自分より体がはるかに大きなハチクマを追いかけ、攻撃することがある（モビング）。全長は雄27センチ、雌30センチ。

（三谷／三谷）

ハイタカ

冬鳥（一部留鳥）　レッドリストC

冬に里山や農耕地でよく見られる

　年間を通して生息しているが、主に冬季、山地から里山、開けた農耕地などでよく見られる。ハイタカと姿が似た鳥にオオタカがいるが、ハイタカの方が羽ばたきは速く、一回り小さい。狩りをすぐ近くで見たことがある。鳴きながら必死の形相で逃げるヒヨドリを追いかけまわしていた。弱肉強食の世界。全長は雄32センチ、雌39センチ。

（三谷／三谷）

オオタカ

留鳥　レッドリストB

絶滅の危機を乗り越え繁殖地を拡大

　昔からタカ狩りに使われている。姿が美しいため、密猟や森林開発などの影響で一時絶滅の危機にあったが、近年、個体数は回復しつつある。都心部ではドバトを食べ物にして、公園内の樹木で繁殖する例も見られる。巣のすぐ近くで子どもたちが大声を出して遊んでいても、平気で子育てをしている。全長は雄50センチ、雌58センチ。　　　　　（三谷／三谷）

ノスリ

冬鳥（一部留鳥）　レッドリストB

国内を移動。県内では冬に広く分布

　国内で繁殖し、寒くなると暖地に移動する。兵庫県内でも繁殖記録はあるが、春と秋の移動の時期や冬季に見られることが多い。山地から農耕地、河川敷など広範囲にすみ、電柱のてっぺんにもよく止まっている。飛んでいる時は下面が白っぽく見え、尾は円形。タカの中では比較的かわいい顔をしている。全長は雄52センチ、雌56センチ。　　　　　（三谷／三谷）

チョウゲンボウ

冬鳥（一部留鳥）

スマートな体で機敏な動き

　小型のハヤブサの仲間。主に本州中部以北で繁殖し、県内には冬鳥として渡来する。ホバリングしながら地上にいる獲物を探す。狙いはネズミやカマキリなどの小動物だ。平野部でよく見られ、テレビアンテナや電柱に止まっていることも。翼の先端がきれいにそろっていて、尾が長いのでとてもスマートに見える。全長は雄33センチ、雌39センチ。　（三谷／溝杭）

アカアシチョウゲンボウ

迷鳥

足の赤い大陸生まれの猛禽

　秋も半ば、いつもの農耕地に出掛けると、2羽の鳥がもつれあっている。そのうち1羽が稲穂の上でホバリングを繰り返し、バッタを捕まえて電線に止まった。アカアシチョウゲンボウだ。近くの電柱に止まっている黄色い足のチョウゲンボウと比べると、確かに足が赤っぽい。中国東北部などで繁殖するが、渡りの途中に迷ってきたのだろう。全長29センチ。

（溝杭／溝杭）

ノビタキ

旅鳥　レッドリストA

秋に農耕地などで見られる

　夏鳥として主に本州中部以北の高原や、北海道の原野などで繁殖する。県内では春秋の渡りの頃に、内陸部の農耕地や海岸の草むらなどで見られる。但馬地方にある標高約1000メートルの高原で繁殖していたが、近年の記録はない。雄の夏羽は頭が黒く、胸はオレンジ色。秋の渡りの頃は冬羽に変わり、茶褐色の体になる。上の写真は雄。

深夜に盛んにさえずる

　ヨーロッパにいるナイチンゲール（サヨナキドリ）は、雄が夜にさえずる。ノビタキも繁殖期は夕方から鳴き始め、深夜2〜3時頃が最高潮に。「ジャッ、ジャッ」という声を交え「ヒュルヒヨーヒー」と高い声で鳴く。変わっているのは、つがいの雄や雌も出てきて、夜は自由恋愛の場に。いつか月夜のノビタキが見たい。下の写真は雌。全長13センチ。（山子／溝杭）

コサメビタキ

夏鳥　レッドリストC

くりくりとしたかわいい目

　春に東南アジアから渡ってきて、日本で繁殖し、秋に渡り去る。木の枝に直立するような姿勢で止まる。白いおなかにグレーの羽根と地味な色彩だが、くりくりとした目がかわいい。春よりも秋の方がよく観察される。近くの公園でもタイミングが良ければ、複数の個体に出合えることも。あちらの木、こちらの木と観察するのに忙しいが、うれしい時間だ。

枝から飛び立ちフライングキャッチ

　枝の先に止まって、ガなどの昆虫に狙いをつけて飛び出し、空中で捕らえて（フライングキャッチ）、再び元の枝に戻る。くちばしのまわりに硬そうなひげが生えている。飛んでいる虫を捕らえるため口を開けた瞬間、虫がひげにブロックされて逃げられない、つまり捕虫網の役割を果たすのではないかと考えられている。全長13センチ。

（森田／森田）

サメビタキ

旅鳥

グレーの胸の部分で識別

　胸のグレーの部分がコサメビタキよりも濃い。白いエプロンがかなり汚れているイメージだ。中部日本以北で繁殖。県内では渡りの時期に通過するが数は少ない。ヒタキ類を見に行く時は、いつもどれがいるかワクワクする。時々オオルリやキビタキもいて、9月末から10月にかけては公園に行くのが楽しみだ。全長14センチ。
（森田／森田）

エゾビタキ

旅鳥

春と秋に渡来。
胸に縦じま模様

　胸に縦じまの模様があるので、ほかのヒタキ類と区別できる。シベリアなどで繁殖し、日本では春と秋の渡りの時期に見られる。観察中に、よくカが顔や腕にまとわりつく。秋のカは手ごわい。手で追い払うと鳥が逃げるので、息をフウフウさせて吹き飛ばそうとするが効果はなく、いつも顔がはれ上がる。カは鳥たちのごちそうになるので我慢しよう。全長15センチ。
（森田／森田）

ムギマキ

旅鳥

麦の種をまく頃に渡ってくる

　麦の種をまく頃（10月末）、サハリン方面から渡ってくるのでムギマキという。カラスザンショウの実が大好き。実が黒く熟した木の近くで待っていると出合う可能性がある。しかし、現れてもあっという間に移動してしまう。キビタキに似ているが白い眉斑がないのと、胸の赤みがかっただいだい色で区別できる。全長13センチ。　（溝杭／溝杭）

サバクヒタキ

迷鳥

砂漠地帯がふるさと

　中央アジアの砂漠地帯で繁殖し、秋にアフリカやインドなどへ移動する。日本には中国西部で繁殖する亜種が飛来するが極めてまれ。そんな珍鳥が2016年10月、神戸市に出現した。顔が黒く、頭から背にかけてベージュの雄（冬羽）だ。農道や田んぼのあぜで虫を捕っていた。思いがけない鳥に出合えた幸運に感謝し、夢中でシャッターを切った。全長15センチ。　（溝杭／溝杭）

オジロビタキ

冬鳥　レッドリスト要調査

小さくてしぐさがかわいい

　非常に珍しい鳥であるが、毎冬、県内のどこかで観察される。いつか姫路市内でも、と約30年間期待していたのだが、チャンスはなかった。しかし、ついに姫路公園に雌がいるのを発見。小さな体で、尾をピンと上げるしぐさがかわいい。うれしくて休みのたびに観察に行く。だんだんと警戒心が薄くなり、近くまでやって来るようになった。いつも地上で一生懸命に虫を探していた。

雄は喉がオレンジ色

　雌を見た同じ年、明石公園に雄がいるという知らせが入った。喉のオレンジ色が目印だ。姫路で今後、雄が見られる保証はなく、この機会を逃すと私の寿命が尽きてしまうかもしれないので、慌てて見に行く。虫を求めて林と広場の間を行き来していた。残念ながら翌年は来なかった。合いたい鳥はたくさんいるが、そんなにうまくはいかない。全長12センチ。　　（森田／森田）

ヘラサギ

冬鳥　レッドリスト要注目

しゃもじのような平たいくちばし

　まれに干潟や河口などに飛来する。サギという名が付いているが、サギの仲間ではなくトキの仲間。飛んでいる時は首を伸ばしている。しゃもじのような平たいくちばしが特徴。そのくちばしを半開きの状態で水中に入れ、左右に首を大きく振りながら、魚やカニなどを捕らえる様子は見ていて飽きない。全長83センチ。　　　（溝杭／溝杭）

クロツラヘラサギ

冬鳥　レッドリスト要注目

世界に約4千羽の貴重な鳥

　繁殖地は朝鮮半島と中国東部。全世界に約4千羽しか生息していないという極めて珍しい鳥。日本は越冬地で、主に九州などで見られる。東播磨のため池で見たクロツラヘラサギは、ヘラサギとそっくりだが、その名のように顔（面(つら)）の一部（目の先）が黒い。しゃもじ状のくちばしも全体に黒く、黄色い部分がない。国境を超えて、貴重な野鳥を大切にしたい。全長75センチ。　　　（溝杭／溝杭）

カワウ

留鳥

水質の改善で大繁殖

かつて、カワウは琵琶湖周辺以外では、伊丹市の昆陽池など一部の池や河川で少数が生息する程度で、絶滅寸前まで追い込まれていた。しかし、近年、水質が改善されて魚が増えるのに伴い爆発的に増加し、どこででも見られるようになった。今ではアユの稚魚などを捕食するため、駆除の対象となっている地域も。自然のバランスを保つのは難しい。

羽を大きく広げて乾かす

一般にカモなど水鳥は羽に脂分を塗ることで、浮力を高めている。ところがカワウは高速で泳ぎ魚を捕食するため、水の抵抗を減らす目的で羽の脂分が少ない。長時間潜り続けると羽が水分を含んで溺れる危険性があり、こまめに羽を乾かさなければならない。岩の上などで羽を広げているポーズには、こんな理由がある。全長82センチ。

（森田／森田）

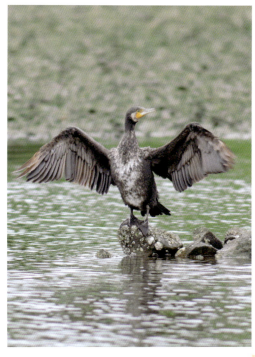

ウミウ

冬鳥

鵜飼いの主役として活躍

世界中で日本など東アジアの島や沿岸でしか繁殖していない。カワウによく似ているが、くちばしの基部の黄色い形が違う。前に、鵜飼いに使われるという紹介をした。京都の宇治川では、飼っているペアが繁殖に成功し、子どもたちも働いている。長い歴史の中でも初めてという。「ウッティー」と名付けられて人気者だ。全長84センチ。　　　　（森田／森田）

シラオネッタイチョウ

迷鳥

台風に運ばれてやって来た

白い体で尾羽がとても長い。南海の島に生息し、周辺の海上で見られる。日本では台風シーズンにまれに記録がある。写真は姫路市立動物園で保護された若鳥。残念ながら長い尾羽はなかったが、くちばしは立派で足には大きな水かきがあった。体力が回復した後に放鳥。外洋性の鳥が見られることは非常に珍しく、帰路の安全を祈った。全長81センチ。　　（森田／森田）

コミミズク

冬鳥　レッドリストB

頭に耳のような小さな羽

　冬鳥として大陸から飛来し、河川敷や埋め立て地にすむ。昼間は草むらの中に潜んでいて、夕方から活動する。頭に耳のように見える小さな羽があることからコミミズクという（ズクはフクロウの仲間を指す）。低空を飛びながらネズミを狙う。毎冬、寒さに震えながら太陽が落ちるまで河川敷などを探すが見つからない。全長38センチ。

（黒田／黒田）

ヤマドリ

留鳥　レッドリスト要注目

声の代わりに「幌打ち」

　日本固有種で北海道を除いた全国の山地で見られる。すむ地域によって特徴があり、五つの亜種に分類される。雄の尾は非常に長く（写真）、昔から床の間の飾り物と

して重宝されてきた。繁殖期は翼を強く羽ばたいて自分をアピールする（幌打ち）。その時、空気が振動して「ドドッ」と聞こえるのが不思議だ。全長は雄125センチ、雌55センチ。

（三谷／溝杭）

ジョウビタキ

冬鳥（一部繁殖）

名前の由来はおじいさんの頭？

　主に大陸で繁殖し、秋に日本に渡ってくる冬鳥。11月に入ると人家の近くでもよく見られる。雄の頭がまるでおじいさんの髪のように白い（上の写真）ので、謡曲「高砂」に登場する「尉と姥」の尉になぞらえて名付けられた。また、羽に白い紋があることから、紋付鳥とも。近年、県内の中国山地で繁殖が確認されている。

鏡に映る自分の姿に体当たり

　色彩の乏しい季節にオレンジ色の体はよく目立つ。家のそばで「ヒッヒッヒッ」「カッカッ」と激しく鳴く声が聞こえ、その方向を見ると2羽が争っている。冬は雄も雌もそれぞれが縄張りを持ち、単独で生活している。気性が荒く、車のバックミラーや家の窓ガラスに映った自分の姿に対して、敵と間違えて体当たりをすることも。下の写真は雌。全長14センチ。

（黒田／森田・黒田）

ルリビタキ

冬鳥　レッドリストA

上面が美しい青色の鳥

　夏に信州の亜高山帯に行けば、よく「キョロ、キョロ、キョロリ…」と涼しげな声で出迎えてくれる。寒くなると暖かい本州中部以南の山地や公園まで下りてくる。雄は上面が美しい青色で、脇がオレンジ色（上の写真）。約3年かけてやっと、この青さになる。しかし、寿命はわずか4年程度。短い命だが、最後に美しい花を咲かせるような生き方をする。

よく似ている雌と若鳥

　雌の体の色はオリーブ褐色をしている。尾羽の青さや脇のオレンジ色は雄よりぼやけた感じ。雄の若鳥は雌とよく似ていて、判別は難しい。ジョウビタキと同じように縄張りを持って単独で生活する。兵庫県内でも繁殖期に見られた例はあるが、極めてまれなため、レッドリストAランクに指定されている。冬季は山地などでよく見られる。下の写真は雌。全長14センチ。

（山子／森田）

ツグミ

冬鳥

胸を張ったようなりりしい立ち姿

　秋に大陸から渡ってくる代表的な冬鳥。茶色い羽と胸の黒い斑点が目印。「クイ、クイ」と鳴く。地上に降りている時は、胸を張ったようなりりしい立ち姿がいい。とても美味で、かつてカスミ網で大量に捕獲されてきた歴史がある。現在、国内では捕獲が禁止されているが、地方によっては依然として密猟が横行し、ツグミたちにとって受難の時代が続いている。

日の出前から盛んに渡る

　毎年10月下旬から11月中旬にかけて、但馬地方で、日の出前から渡りの調査をしている。2004年10月29日には、約2万羽が渡った記録がある。秋の渡りは通常、北から南へ渡るのが普通だが、私が調査している場所では南から北へ渡る個体が見られる。大陸から一部対馬へ渡った個体が北上するルートに当たるようだ。全長24センチ。

（三谷／森田）

シロハラ

冬鳥

落ち葉をはねのけミミズを探す

　主に、秋に大陸から渡来する冬鳥であるが、西中国山地では、ごく少数が繁殖。ツグミのように群れになることはなく、単独で生活する。地上に降りて、落ち葉をくちばしではねのけて、隠れているミミズなどの小動物を捕らえる。公園を歩いていると、茂みの奥の方からガサガサと音がすることがある。これはたいていシロハラが食べ物を探している時にたてる音だ。

冬を越すため木の実も食べる

　おなかが白いので「白腹」という名前で、大変分かりやすい。ツグミと比べると地上の暗い所にいることが多い。しかし、木の実が熟すと明るい所にも出てくる。下の写真はハゼの実を食べにきたところ。ハゼの実は和ろうそくの原料になるほど脂肪分が多く、栄養が豊富だという。春の渡りの時期には大きな声で「ポピリョン、ポピリョン」とさえずる。全長25センチ。

（三谷／溝杭・森田）

アカハラ

冬鳥

関西では珍しい腹の赤いツグミ

　最新の野鳥図鑑を購入した。歴史が変わるように、記述が以前とは変わっていた。アカハラも、しかり。亜種オオアカハラの記述が追加されていた。本州中部以北で繁殖するアカハラは夏鳥で、千島列島で繁殖し、冬鳥として渡来するものは区別してオオアカハラとなっている。冬の関西ではアカハラもオオアカハラもあまり見かけない。全長24センチ。　（山子／溝杭）

トラツグミ

夏鳥（一部越冬）

夜に口笛、鵺の正体

　大型のツグミの仲間。県内の山地でも繁殖する。夜間に「ヒー、ヒョー」と口笛のような声で鳴く。昔の人は声の正体が分からず、気味悪がって「鵺（ぬえ）」と呼んでいた。夕方や曇り空の時に鳴くこともある。寒くなると里に下りてくる。単独で行動し、雑木林や公園、人家の周辺でミミズなどの小動物を捕食する。ピラカンサの実も食べる。全長30センチ。　　（三谷／三谷）

ミヤマホオジロ

冬鳥

黄色と黒の目立つ顔

　秋、大陸から山地の雑木林に渡来するが、数は少ない。地味な色彩が多いホオジロ類の中で雄は、目の上と喉にある黄色、目にかかる黒帯がよく目立つ（上の写真）。また、立派な冠羽があり、より一層、魅力が増す。小さな群れになって地上に降り、落ちている草の実や松の種子などをついばむ。とても警戒心が強く、近づくと林の奥に隠れてしまう。

雌の冠羽は色が地味

　雌も冠羽があるが、雄ほどは黄色みが目立たない（下の写真）。ミヤマホオジロとカシラダカの雌はそっくりでよく間違う。見つけたらその場にそっと座って、静かに観察する。冠羽の黄色みの有無のほか、腰の色がミヤマホオジロは明るい灰褐色、カシラダカは赤褐色のうろこ模様なので判別できる。違いを確認するためには慌てず粘るしかない。全長16センチ。

（山子／森田・溝杭）

オオジュリン

冬鳥

アシ原に依存した生活

　北海道と東北の一部の草原で繁殖し、秋に本州中部以南に移動し越冬する。雄は夏羽と冬羽が全く違う色になる。夏羽の頭部と喉は黒く、あごの下にある白いラインがよく目立つ。冬羽の頭部は茶色、喉は少し黒みが残るが、全身茶色が基調の地味な姿に変わる。アシ原に生活場所を依存しており、それ以外で見かけることはない。

アシの茎の中にいる虫を食べる

　くちばしはやや太めの形をしており、アシの茎を割って中にいる昆虫類を食べるのに適している。よく「チュイーン」と長めの高い声を出す。体の色がアシによく似ているので、目を凝らしてもなかなか見つからない。そんなときは耳を澄ませてみる。茎を割る時に出る「パキパキ」という音や、鳴き声でその存在を知ることができる。全長16センチ。　（山子／森田・溝杭）

野鳥と暮らす〜私の庭〜

半年間のホームステイ

　銀杏（イチョウ）の黄色い葉が散り始めるころ、私の耳は「クイッ、クイッ」というツグミの声を探している。そしてその声を聞いた日は、言葉にならないほどのうれしさが心に湧き上がってくる。少し前から来ているジョウビタキとツグミがそろうことで、いよいよわが家の庭は活気を帯びてくる。半年間のホームステイとして冬鳥を受け入れて、ここで春までスズメやキジバト、ムクドリ、ヒヨドリ、ハクセキレイ、セグロセキレイなどの常連さんと一緒に暮らす毎日が始まる。

　ツグミたちは渡ってきた時から、自宅横の休耕田やあぜで、草の種やカキの実などを食べる。わが家のカキの実は、この界隈では一番早く熟すので、すでにムクドリやヒヨドリがついばんでいて、ツグミが来るころは残り少なくなっている。とにかく彼らはよく食べる。庭に大きなピラカンサの木が2本ある。毎年、年明けが食べごろのようで、いろいろな種類の鳥たちがやって来て3〜4日ほどで一気に食べ尽くす。

　衣食住以外にも生活の中に愛や気遣いが欠かせないのと同じように、私たちの愛情を鳥たちも感じてくれると、リラックスしてその美しい姿をゆっくりと見せてくれる。

ツグミ

毎日同じことを繰り返して信頼を確保

　近隣のカキの実は12月半ばを過ぎるとすっかり無くなる。夫はこのころから貯めておいた食べ物を庭に置き始める。鳥たちがこの庭に来れば食べ物があるということを学習するように、初冬から春まで毎日欠かさず決めた量の食べ物を置く。大切なことは鳥たちが本来の能力を発揮するように、食べ物を与えすぎないことだ。

　えさ台（バードフィーダー）は置く場所をワンシーズン中、変えないようにする。

　わが家ではイカルとシメ用には3カ所、木につるしたり地面に置いたりして、ヒマワリの種を入れる。スズメとキジバト用には2カ所、木につるすタイプと、2つに割って水抜きの穴を抜いた自作の竹を地面に置いて、古米（くず米）を入れる。また、切り株の上にはパンの耳を5ミリ角に切ったものとご飯の残り（ぬめりをとったもの）を置く。イソヒヨドリとヒヨドリはパン派。ムクドリとスズメはパンもご飯も食べる。

　また、貯めていたカキの実を午前と午後に1個ずつ器に入れて置く。メジロやウグイス、ムクドリ、ヒヨドリ、ツグミが食べにくる。木の枝にはガラス容器（ジャムの空き瓶）を針金で結んでジュースを入れておく。メジロやヒヨドリが長いくちばしを使って上手に飲んでいる。

メジロ

野鳥と暮らす〜私の庭〜

庭に流れるゆったりとした時間

　1月も中旬になるとイカルやシメもやって来て、わが家の庭はさらににぎわう。冬の晴れた暖かい日には、鳥たちもそれぞれが自由に食べたり、飲んだりしてゆったりと過ごしていて、ほっこりとした気持ちになる。ここには天敵のタカが来ない。常連さんのキジバトはすっかり慣れたもので、私から50センチの至近距離でも逃げる気配はない。

　35年前にスズメやヒヨドリ、ムクドリのために、冬の時季に限って庭に食べ物を置いたのが始まり。今までに50種類あまりの野鳥がやって来た。自然の鳥たちが自由にのびのびと生活している姿を間近で見られることは大きな喜びである。それだけに接し方にも気を使う。ハシボソガラスが庭のエノキに巣を作り、子育てを始めたことがある。新米の親は2年続けて子育てに失敗したが、3年目にようやく2羽が巣立った。雨の日も風の日も一生懸命に卵を温める親の姿、卵からかえったひなが親を待っている姿や親が戻ってきた時に鳴く姿に深く感動した。

　3月になるとイカルがさえずりの練習を始める。1羽1羽、進歩の度合いが違う。早く上達するように夫が口笛で"指南"することもある。4月中旬にイカルは山に向かい、5月初めにはツグミも大陸に渡っていく。居残り組のスズメやキジバトたちは子育てに大忙しだ。

　半年はあっという間に過ぎていく。再び静かになった庭では、エノキやクロガネモチ、トウネズミモチ、カキ、ピラカンサ、ツバキなどが冬に向けて鳥たちの休憩や食べ物を提供するために、そっと新芽をだして準備をしている。

（真殿則子）

イカル

混群をつくる

エナガは群れの中心的役割

　小鳥の中には、異なる種類同士が集まって集団行動をするものがいる。その中心的な役割を果たすのがエナガで、その群れにシジュウカラやヤマガラ、メジロ、コゲラなどが加わる。混群をつくる理由は、外敵が近づいても発見する機会が増えることや食べ物が見つけやすいことが考えられる。秋から冬にかけてにぎやかに活動する鳥たちに出合うとうれしくなる。

エナガ

いつもマイペースなコゲラ

　群れは1カ所にとどまらないですぐに移動する。しかし、コゲラは木に止まると、幹や枝をぐるぐる回りながら虫を探すので、エナガなど他の鳥たちのように素早く行動をしない。また、隠れている虫を見つけると木の枝をコツコツ突いたりするので、さらに時間がかかる。気が付くとみんな次の場所に移動しており、「ギィー」と鳴いて、あわてて追いかける様子がとてもかわいい。

（森田俊司）

コゲラ

イヌワシの1年

留鳥　レッドリストA

　北半球に広く分布し、主に平原にすむ。英名はゴールデンイーグル。成鳥の後頭部から首にかけての羽が金色に輝くさまから名付けられた。食物連鎖の頂点に立つ日本最強の鳥で、国内では約500羽が生息していると推定される（日本イヌワシ研究会調べ）。

　世界的にみると特殊な環境の山地にすむ日本のイヌワシは、最も体が小さいグループに属するが、それでも飛んだ時は翼長2メートルに及ぶ国内最大級のワシである。体重は約3〜5キロ。自分より大きな動物（キツネなど）を襲うこともある。

　主に東北地方から中部地方の山岳地帯に生息。広大な縄張りを持ち、ライバルのクマタカたちが恐れをなすほど圧倒的な力で制空権を握っている。兵庫県では中国山地東部で少数が観察される。中国山地西部や四国・九州地方では、現在、ほとんど見られない。近年、全国的に繁殖率が低下している。

産卵からふ化まで40日

　まだ寒い2月10日頃に卵を2個産み、約40日後には真っ白なひなが生まれる。驚くことに先に生まれたひなが、後から生まれたひなを突き殺す習性がある。食べ物が少ない日本のイヌワシに見られる行動で外国では見られない。成長するにつれてひなはだんだんと黒い羽に覆われる。通常は6月上旬に巣立ちするが、たまに6月中旬以降に巣立ちをする個体がいる。これは、明らかに栄養不足のため成長が遅れたもので、無事に成鳥まで生き残る可能性は低い。成熟するのに4年かかる。県内では2004年を最後に、ひなは誕生していない。

ノウサギの復活で食べ物を確保

　ノウサギが減っている。そのため、イヌワシの食べ物はアオダイショウなどのヘビが多くなる。せっかくひなが巣立っても、ヘビばかり食べていると、栄養不足のために途中で死んでしまうことも。新温泉町にある上山高原では、ススキの草原の再生などノウサギが増えるような環境づくりに取り組んでいる。

　若鳥は飛んだ時に黒い翼に白い斑がでるのが特徴だ。

秋には再び繁殖活動を開始

　ひなの巣立ち後も親は一緒に行動し、狩りの方法などを教える。この時が一年で最も安らぎの日々だ。しかし、11月に入ると来春の繁殖のために、新しい巣材の運搬や、他のイヌワシやクマタカが侵入しないよう縄張り内の監視活動を始める。子別れの時期がきたのだ。食物連鎖の頂点に立つイヌワシといえども厳しい試練が待っている。

イヌワシの1年

2月中旬に産卵、3月下旬にふ化

巣作りのはじめの頃は、繁殖の気持ちを高めるため、儀式用の巣（簡単な構造になっている）を含め複数作る。1月に入ると産卵する予定の巣に集中して、長さが2メートルもある枯れ枝やススキなどを運ぶ。産卵直前には巣内の清潔さを保つために、青葉のついた新鮮な枝を産座に使用する（写真）。2月中旬に入ると産卵し、3月下旬にふ化するまで雌が中心になって温める。

兵庫県で再び繁殖を期待

兵庫県で最後のひなが巣立ちしてから10年余りが経過した。最近、新しいペアが確認され、久しぶりに繁殖の期待が高まる。個体数は1970年代には40羽以上を数えていたが、今では推定8羽に激減している。仮に県内からいなくなれば、コウノトリ以上に復活は困難だ。

写真は23年前に撮影した親子。全長は雄75センチ、雌85センチ。天然記念物。　（三谷康則）

写真を撮ろう

思いやりの気持ちで

　若い頃から蝶に興味があり、仕事の合間を見つけては日本各地を飛び回り、海外にまで出かけていた。野鳥にも興味はあったが、その当時は蝶の魅力に取りつかれ、とても手が回らなかった。数十年ぶりに野鳥の美しさを思い出させてくれたのは、近くの池で鮮やかなブルーのカワセミを見てからだ。さらに池に飛来する水鳥を調べるために写真を撮るようになってからは、すっかりその魅力にはまり込んでしまった。

　一部の人の趣味であった野鳥の撮影も、デジタルカメラの普及で比較的簡単にできるようになった。野鳥の識別は難しいが、写真があれば後で図鑑と比べられ、種の特定が可能になる。また、パソコンで写真のデータを整理し、大切な記録として活用することもできる。連写で撮影すると、目では確認できなかった行動の一部始終が再現できる。いつも保存した写真のファイルを見ながら出合った時の感動に浸っている。さらに、ブログやフェイスブックなどのSNSを通して、同じ趣味の仲間たちと交友の輪を広げるのも楽しい。

　遠くに行かなくても自宅の周りにもいろいろな野鳥が暮らしている。思いも掛けない野鳥に巡り合えることもある。野鳥撮影を通して四季の移り変わりを感じ、今まで知らなかったことを発見できた時は感動する。写真のルリビタキは近所で撮影したもので、食べているカラスザンショウの実にはメジロ、ジョウビタキなど多くの野鳥が好んでやってくる。

　野鳥に近づき過ぎたり、驚かせたりしないよう細心の気配りをし、思いやりの気持ちを持って撮影を楽しんでいただけたらと思う。

（広畑政巳）

ルリビタキ

冬

カシラダカ

冬鳥

立派な冠羽が特徴

　ユーラシア大陸北部の森林地帯で繁殖。秋に九州以北の平地や山地の林に渡来する。ホオジロに似ているが頭に冠羽があり、その特徴から「頭高（カシラダカ）」といわれる。雄の冠羽は雌に比べてやや黒いものの、冬羽は見分けが難しい（上の写真は雄）。胸に赤褐色の紋と、胸から腰にかけてすじ状のうろこ模様があり、他のホオジロ類との識別に役立つ。

近年、急激に渡来数が減少

　春になると、雄は頭と顔のベージュ色の羽毛が黒色に生え替わる（夏羽）。栄養状態のよい個体ほど黒く、雌はより黒い雄に興味を示すという。しかし、日本では渡りの時期に当たるため、なかなか頭の黒い雄を見るのは難しい。かつてはよく見られたが、この30年間で急激に減少している。全長15センチ。下の写真は冠羽を伏せた状態。

（山子／溝杭）

アオジ

冬鳥　レッドリストA

県内でも貴重な繁殖記録

　主に本州中部以北の山地の林で繁殖。県内では氷ノ山山系で繁殖記録がある。冬は暖かい地方に移動し、山地のほか市街地の公園や人家の庭で見られることも。さえずりはゆっくりと区切るように鳴く。地鳴きは小さな声で「チッ」。全体的に緑色が強く、雄は目の先が黒い（上の写真）。腰の色は、緑がかった灰褐色。よく似たホオジロは赤褐色なので区別できる。

暖かい日には明るい所に出現

　普段は薄暗いやぶの中にいることが多く、人が近づくとさらに奥の方に入ってしまう。しかし、春の暖かい日には明るい所にも出てくる。外側の尾羽2対は白く、広げるとよく目立つ。雌は目の上に黄色いラインがあり、のどの下が黄色い（下の写真）。県内では繁殖例が少ないため、レッドリストAランクだが、冬季はよく見かける。全長16センチ。　　　（山子／森田）

クロジ

冬鳥（一部繁殖）　レッドリストB

地鳴きはアオジとそっくり

　家計のやりくりに苦労している人には、あやかりたい名前だ。雄は濃い青灰色で背中と雨覆(あまおおい)に黒い縦斑がある（上の写真）。外側の尾羽は白くない。アオジと同じように暗い所を好み、地鳴きもそっくりの「チッ」という声。図鑑ではクロジの方が、声に艶(つや)があると書かれているが、私にはいくら聞いても艶の感じが分からない。

県内でも さえずりを確認

　雌の体は褐色をしている（下の写真）。県内では冬に山地の薄暗いやぶの中にすむが、過去に標高1250～1450メートルに生えるイヌツゲで巣が発見されている。2018年8月にも同様の場所でさえずりが聞かれた。日本以外では、カムチャツカ半島など限られた場所でしか繁殖が確認されていない世界的に貴重な鳥だ。全長17センチ。　　（山子／溝杭）

ベニマシコ

冬鳥

顔がサルのように赤い鳥

　北海道などで繁殖する。秋の終わり頃、本州以南の林縁や河川敷の草むらなどに生息。単独か小さな群れで行動する。漢字で書くと「紅猿子(ベニマシコ)」。雄の赤みのある顔をサルの赤い顔になぞらえた命名だ。尾は長く、スマートな体形をしている。雄の夏羽は全体的に赤く、冬羽は少し赤みが淡くなる（上の写真）。小さなくちばしで草の実などをついばむ。

鳴き声は「フィッ、フィッ」

　雌は雄のような赤みがなく、全体的に淡い黄褐色をしている（下の写真）。雄と同じように、翼にある２本の白い帯がよく目立つ。ベニマシコを見ようと林道や河川敷に出掛けても、枯れ草にまぎれて探すのに苦労する。そういうときは鳴き声が頼りになる。「フィッ、フィッ」という特徴的な声がする辺りを、丹念に探せば見つかることが多い。全長15センチ。（山子／溝杭・森田）

ハギマシコ

冬鳥

体にハギの花のような斑

　主にロシアで繁殖し、秋に九州以北の崖のある山地に渡来する。同じ仲間のベニマシコやオオマシコほど体は赤くはない。胸から腹にかけて茶褐色の地に赤紫色の斑があり、この色がハギの花に似ていることから、ハギマシコと呼ばれる。県内では但馬地方の林道の法面(のりめん)や、スキー場の斜面などで観察される。全長16センチ。　（山子／溝杭）

オオマシコ

冬鳥　レッドリスト要調査

冬にだけ出合える赤い鳥

　赤い鳥に憧れている。ベニマシコよりもっと赤いギンザンマシコを見に、北海道の大雪山まで行ったこともある。神戸の森林植物園にオオマシコがいると聞いて駆け付けた。遊歩道の法面で草の種を食べていた。雄の体は赤いが、雌と若鳥は茶色で、少しだけ朱色を帯びる。大陸で繁殖し、日本にはまれに飛来する。写真は雄。全長17センチ。
　　　　　　（溝杭／溝杭）

オオワシ

冬鳥

日本最大の海ワシ

　オホーツク海沿岸で繁殖する。翼を広げると220〜250センチもある日本最大の海ワシだ。黄色い大きなくちばしが目立つ。黒い体に白い肩と尾羽のコントラストが美しい。食べ物は主に魚や水鳥。北海道で流氷を見るため観光船に乗ると、よく氷の上に止まっている。兵庫県では過去に数例の渡来記録がある。全長は雄88センチ、雌102センチ。天然記念物。　（三谷／三谷）

オジロワシ

冬鳥　レッドリストB

尾の白い海ワシ

　ロシア北部のほか、北海道でも少数が繁殖。名前の通り尾が白い大型の海ワシで、主食はオオワシと同じく魚や水鳥。県内では扇ノ山周辺でイヌワシを調査中に、上空を飛ぶ若鳥を見たことがある。近くを飛ぶトビが小さく見えた。また、瀬戸内海沿いでも観察記録がある。全長は雄83センチ、雌92センチ。天然記念物。　（三谷／三谷）

ユリカモメ

冬鳥

海上にプカプカ浮かんで眠る

　小型のカモメで、ロシア方面から冬鳥として渡来。海岸以外に河川の中流付近まで飛んでくる。夜間は海上にプカプカと浮かんで集団で眠る。冬羽の顔は白色。目の後ろのほくろのような模様がアクセントになって、とてもかわいい。一転、夏羽は黒いマスクをかぶった悪役レスラーのような顔になる。春になると変わるので、ぜひ見比べてほしい。

カモメ類では最も飛来数が多い

　県内に渡来するカモメ類のうちで最も数が多い。しかし近年、姫路市では減少している。河川敷でよくパンの耳などを給餌する人がいる。ユリカモメは顔を覚えていて、その人がやって来ると、遠くにいても一斉に集まってくる。人を恐れずにすぐ近くまで来るものや、少し離れた所にいておこぼれを狙うものなど、それぞれ性格が違う。全長40センチ。

（三谷／溝杭・森田）

ズグロカモメ

冬鳥　レッドリストB

ひらひらと飛びながら
カニを探す

　河口のユリカモメの群れのそばに、一回り体の小さなカモメがいた。ズグロカモメだ。くちばしは短く黒い。海岸に沿ってひらひらと低く飛び、ホバリングしながら、好物のカニに狙いを定めて急降下する。中国東部沿岸で繁殖しているが、世界で数千羽しかいないという。冬羽の時は白い顔（写真）で、夏羽になると名前のように黒い顔になる。全長32センチ。
（溝杭／溝杭）

カモメ

冬鳥

童謡で有名。
くちばしと足が黄色い

　「かもめの水兵さん」などの童謡や歌謡曲で名前はよく知られている。ロシアなどで繁殖し、冬鳥として飛来するが、県内ではあまり多くない。くちばしと足が黄色い。カモメ類が飛来すると、その白いイメージから「環境が改善された」と報道されることがあるが、実際は死んだ魚や人間が捨てたものを食べるカラスのような役割もしている。全長45センチ。
（三谷／森田）

ウミネコ

留鳥

ネコのような声で鳴く

「ミャーオ、ミャーオ」とネコのような声で鳴くのでウミネコという。一年中見られるが、日本近海のみに生息するため、世界的には珍しい。集団繁殖地が全国に点在する。カモメの仲間はどれもよく似ており、若鳥が交じっていると、さらに識別がつきにくく混乱する。ウミネコは飛んだ時、尾羽に黒帯が出る。足には水かきがあり、泳ぐのも上手だ。

遊覧船の後ろをついて飛ぶ

遊覧船で景勝地を回っていると、船の後ろをウミネコがついて来たという経験のある人も多いと思う。以前、訪れた岩手県の浄土ケ浜では、観光客が「うみねこパン」を与えていた。パンにはコンブが入っていた記憶がある。香住など日本海側の漁港ではすぐ近くから見られる。目つきは鋭いが、仲良く並んでいる姿はほほえましい。全長46センチ。　　　（森田／森田）

オオセグロカモメ

冬鳥

大型で背が灰黒色

　カモメ類の中では大型に属する。北海道や東北で繁殖し、県内では冬鳥。渡来数はそれほど多くない。他のカモメたちと混群(こんぐん)をつくり、河口周辺や海上で生息するが、河川をさかのぼることはあまりない。成鳥は白い体に背と羽の上面が灰黒色、若鳥は体全体が灰褐色。カモメ類の若鳥は、かなりの経験を積まなければ識別は難しい。全長64センチ。

（三谷／三谷）

セグロカモメ

冬鳥

大型で背が青灰色

　ロシア北部から飛来。オオセグロカモメによく似ているが、成鳥は背中が青灰色なので区別できる。河口付近の中州で他のカモメ類に交じって見られる。カモメの群れを見たら、体の大きなピンク色の足をしたカモメを探してみよう。大きな魚をくわえているのを見たことがある。ウのようにうまくのみ込めないでとても苦労していた。全長61センチ。

（三谷／森田）

ミヤコドリ

冬鳥　レッドリスト要調査

ニンジンのような赤いくちばし

　太くて赤いくちばしがよく目立つので「ニンジン」の愛称で呼ぶ人もいる。体は白黒模様。西播磨の海岸に来た時は、砂の中から二枚貝を見つけて食べていた。古くはユリカモメのことをミヤコドリと呼んでいた。伊勢物語に在原業平の歌で「名にし負はば　いざ言問はむ　都鳥…」とあるが、これはユリカモメといわれている。全長45センチ。　　（溝杭／溝杭）

オオハム

冬鳥　レッドリスト要調査

まるで潜水艦のような動き

　橋の上から河口を見ていると、潜水艦のようにゆっくりと沈む鳥がいた。頭を水平にし、顔を水中につけて泳いでいる。方向を確かめ、先回りして待っていると正面に来た。オオハムの幼鳥だ。大型の水鳥で、県内で見られることはまれ。小雪の舞う中、初めて見る鳥を興奮しながら双眼鏡で追い続けた。次はいつ出合えるだろうか。全長72センチ。（溝杭／溝杭）

コハクチョウ

冬鳥　レッドリストC

純白の優美な姿

　北極圏のツンドラ地帯で繁殖。秋になると最初は北海道北部に渡り、その後、本州へと南下する。関西地方では珍しく、飛来場所は琵琶湖周辺の他は、県内の小野市や加西市などのため池に限られる。純白の体が美しい。よく似たオオハクチョウは首が長く、くちばしの黄色い部分が大きい。公園によくいるのはコブハクチョウで、飼育されているもの。

若鳥はグレーの体色

　家族単位で行動する。体の色がグレーの個体は若鳥で、成長するにつれて白くなる。夜は湖沼で休み、昼は田んぼへ食事に出掛ける。夜明けに飛び立つ際には決まった儀式をする。最初にリーダーが首を縦に振る。続いて家族がそれに合わせるように首を振り、タイミングを合わせて、助走しながら飛び立つ。全長120センチ。（山子／森田・溝杭）

オオハクチョウ

冬鳥　レッドリストB

日本の鳥では最重量

　シベリアの針葉樹林帯で繁殖。本州以北の河川や湖沼で越冬し、県内には少数が飛来する。水面にいることが多く、近年、各地のため池に太陽光パネルが設置されるなど、環境が変化しているのが心配。また水深も重要で、足が立つ浅瀬がないと落ち着かないようだ。体重は約10キロあり、日本の鳥の中では最重量。全長140センチ。(山子／溝杭)

コクガン

冬鳥　レッドリスト要注目

海岸で海藻を食べる

　ガンの仲間では比較的体が小さい。マガモより少し大きい程度だ。体全体は黒っぽく、首に白い輪がある。シベリア東部などで繁殖。越冬のため、北海道から東北にかけて、岩場の海岸に渡来する。県内ではごくまれに観察される。単独か数羽でいることが多く、海岸や河口近くでアオサなどの海藻を食べる。全長61センチ。天然記念物。

(三谷／溝杭)

マガン

冬鳥　レッドリストC

県内では渡来数が激減

カモに姿が似ているが、もっと大型。かつては日本各地に多数渡来していた。しかし、乱獲や越冬地の環境変化などが原因で減少している。県内では毎冬、数羽が渡来する。日本有数の越冬地である宮城県の伊豆沼に行ったことがある。早朝、マガンの大群が一斉に飛び立つと、辺り一面、鳴き声や羽音に包み込まれた。全長72センチ。天然記念物。　　（三谷／三谷）

ヒシクイ

冬鳥　レッドリストB

くちばしの先端がだいだい色

かつては県内でも小野の鴨池などで観察されたが、現在は但馬地方に少数が渡来するにすぎない。日本にはヒシクイとオオヒシクイ（亜種）が渡来する。ヒシクイはくちばしの先端がだいだい色で、マガンはくちばしの基部の周囲が白いので区別できる。また、体はマガンより少し大きい。全長85センチ。天然記念物。　　（三谷／溝杭）

ツクシガモ

冬鳥

白い体に茶と濃緑のライン

　カモ類の中では大型で、白い体に茶と濃い緑色のラインが遠くからでもよく目立つ。アジア中央部で繁殖し、日本には越冬のため渡来。主に九州北部に多く見られるので「筑紫鴨」という。県内では珍鳥とされてきたが、近年、南部のため池や埋め立て地などで見られる。ピンクのくちばしを地面につけて振りながら、カニや貝などを探す。全長63センチ。

（黒田／黒田）

ヒドリガモ

冬鳥

「ピュー」と口笛吹くような声

　ロシアなどで繁殖し、秋に渡ってくる。カモの仲間は主に夜間、採餌するものが多いが、ヒドリガモは昼間も集団で河川敷などに上り、草を食べているのがよく見られる。また、海岸では海藻なども食べる。「ピュー」と口笛を吹くような特徴のある声で鳴く。カモは伊丹市の鳥。昆陽池では近くから観察できる。写真は左が雄、右が雌。全長49センチ。（三谷／森田）

オシドリ

冬鳥（一部留鳥）　レッドリストB

美しいイチョウ羽が自慢

　オシドリがいると教えられ宍粟市千種町へ。自宅からはかなり遠いが楽しみ。目的地に到着。ヤマセミがいるが、今日のお目当てはオシドリだ。河原に下りるとすぐそばにいた群れ（隠れていて気づかなかった）が飛び立ち、あっという間に全部いなくなった（ヤマセミも消えていた）。ぼうぜん…。雄は派手な色彩で、イチョウのような飾り羽が目立つ（上の写真）。

好物はドングリ

　カモの中では飛び切りの美男美女。主に北日本の森で繁殖し、雌（下の写真）だけが子育てをする。営巣場所は太い木の洞（うろ）で、ひなは生まれるとすぐに地面に飛び降りる。好物はドングリ。県内では夏季にまれに観察されるが、主に冬季に河川の上流やダム湖などで見られる。神戸市の布引貯水池は昔から渡来地として有名。全長45センチ。

（森田／森田）

ヨシガモ

冬鳥

ナポレオン愛用の帽子のような頭

　雄の頭は後ろの羽毛が伸びて、まるでナポレオンが愛用した帽子のような形に見える（写真）。緑色の顔は、光が当たると金属のような光沢が出て美しい。また、おしりを覆うように下方へ流れる羽は優雅で、女性に人気がある。シベリアなどから冬鳥として渡来し、少数が北海道でも繁殖している。県内では河川や池などに生息しているが数は少ない。全長48センチ。　　　（三谷／森田）

オカヨシガモ

冬鳥

黒いパンツをはいたカモ

　北海道などでも少数繁殖するが、大部分はシベリア生まれ。雄は他のカモ類に比べると地味な色をしている。しかし、双眼鏡で細部までじっくり観察すると、羽に細かな模様が複雑に配置されているのが分かる。また、黒いパンツをはいているように見える。県内では小さな群れが各地の河川やため池などで見られる。写真は左が雄、右が雌。全長50センチ。　　　（三谷／森田）

マガモ

冬鳥

アヒルのご先祖

全国的に見られ、中部地方以北では繁殖する。雄は頭が緑色で、くちばしは黄色。上向きにカールした尾羽がポイント。とても美味らしく「青首(あおくび)」といわれ狩猟の対象になっている。家禽(かきん)のアヒルは中国などでマガモを改良してつくられたもの。また、アイガモはマガモとアヒルの交雑種。マガモに似ているが、体が大きい。上の写真は雄。

雌はくちばしの赤色が特徴

雌はくちばしに赤色の部分があり、オカヨシガモの雌とよく似ているが、背中のヘラ状の羽と目元の黒い線で見分ける。翼鏡(よくきょう)は、マガモは青色、オカヨシガモは白色。姫路城の堀にいるマガモは潜水が得意だ(普通マガモは潜水しない)。浮上するとくちばしをモグモグ。貝を食べているようだ。下の写真は左が雌、右が雄。全長59センチ。　(山子／森田)

ハシビロガモ

冬鳥

シャベルのようなくちばし

　名前の通りくちばしは幅が広く、まるでシャベルのようだ。食べ物を取る方法が独特。まず、水面でくちばしを左右に振りながら、水と一緒にプランクトンなどを吸い込む。そして食べ物だけを濾し取り、水を吐き出す。ヒゲクジラと同じような採餌方法である。秋に大陸から飛来。北海道では少数が繁殖している。写真は雄。全長50センチ。
（三谷／森田）

オナガガモ

冬鳥

尾羽が長い大型のカモ

　中央の2枚の尾羽が細くて長い。秋に大陸から渡来し、河川や池、海岸などに生息する。個体数は比較的多いが、姫路市内では減少している。淡水ガモの中では体が大きく、水面で逆立ちして水草を食べる。カモ類は冬の間につがいとなる相手を見つける。いつも一緒にいる姿はほほ笑ましい。写真は左が雄、右が雌。全長は、雄75センチ、雌53センチ。（三谷／森田）

トモエガモ

冬鳥　レッドリストC

巴の模様をした顔

　雄は黄白色と緑と黒の巴模様の顔が特徴。シベリア東部などで繁殖し、冬季に川や池に飛来する。小型のカモで、一部の渡来地を除くと個体数は少なく県内では珍しい。写真はいつも観察に行くお堀で撮影した雄。自分のお気に入りの場所にせっせと通うと、数年に1度くらいは、思いがけない出合いがある。全長40センチ。

（森田／森田）

アメリカヒドリ

冬鳥　レッドリスト要注目

雑種が多いので識別に注意

　冬鳥として北米大陸から少数が渡来する。アメリカヒドリは、よく似たヒドリガモと交雑する例が多い。顔にある緑色の模様が何となく茶色がかったりする個体もいて、特定するには怪しいこともしばしば。カモの仲間は雑種が生まれやすく、珍しいカモだと思って喜んで帰り、図鑑などで調べてみるとがっかりする。写真は雄。全長48センチ。

（三谷／溝杭）

カワアイサ

冬鳥

ギザギザのあるくちばし

　大陸から飛来し、少数が北海道で繁殖する。県内では但馬地方の円山川のほか、最近は南部の河川やため池でもよく見られる。頭部が緑色の方が雄、茶色い方が雌。細くて長いくちばしにはギザギザがあり、先端はかぎ状で、潜って魚を捕らえるのに適した構造になっている。ハクチョウのように水面を助走しながら飛ぶ。写真は手前が雄、後ろが雌。全長は雄70センチ、雌60センチ。

（森田／森田）

ウミアイサ

冬鳥

頭の後ろの羽毛がボサボサ

　カワアイサによく似ているが、頭の後ろの羽毛がボサボサしている。大陸で繁殖し、冬鳥として渡来。河口付近の沖合にプカプカ浮かんでいるのを見る。潜りの達人で、魚などを捕らえる。アイサ類はよく水面に顔をつけて、水中の様子を探っている。それは人間が水中眼鏡をつけて泳いでいる姿によく似ている。写真は雄。全長は雄59センチ、雌52センチ。

（森田／溝杭）

ミコアイサ

冬鳥

パンダガモとして大人気

　ミコの由来は雄の体色が巫女の白装束に似ていることから。また、顔がパンダに似ているので「パンダガモ」の愛称で呼ばれる。カモの仲間ではトップクラスの人気者だ。大陸から渡来するが、少数が北海道で繁殖をしている。県内では主に東播地域のため池で見られる。小魚や水生昆虫などを潜って捕らえる。全長42センチ。　（三谷／溝杭）

スズガモ

冬鳥

鈴の音のような羽音

　東京湾や藤前干潟（愛知県）などでは何万羽という大群で生息しているが、兵庫県では比較的少ない。潜水してアサリなどの二枚貝を丸飲みにし、体内の強力な砂嚢ですりつぶして消化する。名前の由来は、群れが飛ぶ時に鈴の音のような羽音がすることから。カモ類の羽音はよく聞こえる。ロシアから渡来する。写真は雄。全長45センチ。
　　（三谷／森田）

キンクロハジロ

冬鳥

後頭部にかわいい冠羽

　ほとんどは冬鳥としてシベリア方面から渡来するが、北海道では少数が繁殖をしている。名前の由来は、目が金色で、雄の体が黒色、翼に白い帯があることから「金黒羽白」。淡水の湖沼などに群れで生息し、潜水して貝や甲殻類を捕まえる。雄も雌も、後頭部にくせ毛のような冠羽があり、かわいいアクセントになっている。写真は雄。全長44センチ。　（三谷／森田）

ホシハジロ

冬鳥

頭部が赤褐色の潜水ガモ

　シベリア方面から渡来する。北海道でも少数が繁殖している。雄の頭部と首は赤褐色で、胸は黒い。河川や池などに大きな群れで生活する。西播磨のため池や河口では数千羽単位でいることがあり、水面が赤っぽく見える。潜水して水草の葉や茎、エビ、貝などを食べる。潜水時間は他のカモと比較すると長い。写真は雄。全長48センチ。
　　　　（三谷／森田）

アメリカコガモ

冬鳥

脇にある縦の白線が特徴

　コガモの群れの中に、脇の部分に縦の白線のあるカモがいた（コガモは横の白線）。北アメリカで繁殖し、ごく少数が日本に渡ってくる亜種のアメリカコガモだ。2015年の冬に、西播磨の池に来た。雄はなんとか白線の位置でコガモと区別できるが、雌は見分けがつきにくい。多くのコガモの中から見つけるには根気がいる。写真は右が雄、左が雌。全長38センチ。
　　　　　（溝杭／溝杭）

クイナ

冬鳥　レッドリスト要調査

用心深く、姿を見るのは困難

　顔は灰青色、下腹部に白と黒の横じまがあり、赤いくちばしが特徴。尾を上下させながら水辺をゆっくりと歩き、水生昆虫やエビ、小魚などを捕る。とても用心深く、少しでも物音や人の気配を感じると、急いでアシ原に逃げ込む。平安時代にはヒクイナとクイナを共にクイナと呼んでいた。古典文学にもよく登場する鳥だ。全長29センチ。
　　　　　（溝杭／溝杭）

オオバン

冬鳥（一部繁殖）

夜間、池の中央に集まり休む

　真っ黒な体で、くちばしと額が白い。かつてはまれであったが、近年、個体数が増加している。家の近所のため池が一面オオバンに埋め尽くされたことがある。夜に観察に行くと、池の中央に円形に集まって休んでいた。外敵から身を守るにはうってつけの行動だと感心した。その一方で、大きな網ですくったら、何羽入るだろうかと不謹慎な妄想をした。

近年、県内でも繁殖

　水中に潜って水草を採る。また、地上でも草を好む。クイナの仲間なので、体はコロコロしている。足には特殊な水かきがあり、カモよりも上手に歩く。日本各地で繁殖しており、近年は県内でもひな（下の写真の右）が見られる。なぜオオバンが急激に増えたのか。喜ばしい半面、自然界の一部に何か異変が起きたのでは、と気になる。全長39センチ。（森田／森田）

カンムリカイツブリ

冬鳥

冬羽は白くて優雅な姿

大型のカイツブリで主食は魚。大陸の他、本州の湖沼などでも局地的に繁殖する。首が長く、白い優雅な姿をしている。30秒近くも潜って魚を追い、かなり離れた所にぽっかりと浮上する。消化できない魚の骨などを体内で固め、ペリットとして強制的に吐き出すために、自分の羽毛をのみ込む。また、ひなに与えることも。写真は冬羽。全長56センチ。　　　（山子／森田）

ハジロカイツブリ

冬鳥

ルビーのように赤い目

カイツブリより体が少し大きい。大陸で繁殖し、秋に日本全国の池や河口に渡ってくる。県内では少ない。特徴はくちばしが上に反っていること、目がルビーのように赤いこと。仲間のミミカイツブリとはうり二つで見分けるのは難しい。魚を捕食する野鳥は多種にわたるが、泳力に優れた魚をしのぐ彼らの身体能力の高さに驚かされる。全長31センチ。　　　（溝杭／溝杭）

鳥を知ろう ④

清少納言の観察力

　平安時代の随筆「枕草子」に鳥の話があり、清少納言の興味のある鳥がいろいろと登場する。宮中ではスズメの子を育てることが流行していたそうだ。今は飼うことは禁じられているが、ほほえましい場面である。サギの目つきが嫌だとも書かれていて、双眼鏡もない時代によく観察していると驚かされる。後世まで残る作家は観察力が素晴らしい。写真はコサギ。

コサギ

俳句の季語いろいろ

　俳句の季語になっている鳥たちは多い。例えばウグイスやツバメは春。ホトトギスは夏。スズメは留鳥のため単独では季語にならない。他の言葉と合わせて「雀の子」（写真）は春、「稲雀」は秋、「寒雀」「ふくら雀」（寒さに全身の羽毛を膨らませている様子）は冬の季語などに。日本人は四季の移り変わりを敏感にキャッチし、自然の細かいところまでよく観察している。

スズメの若鳥

新幹線の先頭車両に応用

　鳥の体の仕組みが新幹線に応用されている。例えば、フクロウの羽は飛んだ時に羽音がしない構造をしていて、パンタグラフに生かされている。カワセミは水中に急降下して魚を捕らえるが、くちばしの形状が先頭車両の形にそっくりだ。体の特徴にいろいろな意味が隠されており、自然の中から私たちの暮らしに役立つヒントが見つかることがある。写真はカワセミ。

カワセミ

冬の食べ物は何？

　夏は虫などの動物質を食べるが、冬は何を食べているのだろう。大部分の野鳥は木の実など植物質がメインになるが、美味しいものから食べていくようだ。特に熟したカキの実は大好物（写真はウグイス）。いつまでも庭にある木の実が残っている時は、山に食べ物が豊富な年。一方で早く実がなくなった年は途中で食糧難にならないか心配する。

ウグイス

（森田俊司）

冬のシギ・チドリ

ハマシギ — おなかが黒から白へ変わる

　シギの中には南の国まで渡らずに、日本で冬を越すものがいる。夏羽ではおなかに黒い紋があるハマシギも、冬羽になると白いおなかに変わっている。ため池や海岸で、せっせと食べ物をついばんでいる時もあれば、静止して遠くを見ている時もある。冬のシギは単独でいることが多く、寒風の中で見ると、なぜか寂しい気持ちになる。

アオシギ — パントマイムをする

　山あいの川岸の竹やぶから、タシギによく似たシギが出てきて、食べ物を探し始めた。頭を空中に固定して、下半身を前後に動かしながら少しずつ前進する。まるでパントマイムをしているようだ。同じ仲間のヤマシギは山間部の林の中にいる。どちらも動きが鈍く、体の色彩も周囲に溶け込んで見つけにくい。全長31センチ。冬鳥。レッドリストＢ。

タゲリ―ふわふわと飛ぶ

秋に大陸から渡ってくる。ハトくらいの大きさで、頭の後ろには長い冠羽、緑色の羽には金属光沢があり、美しい。ふわふわと羽ばたきながら飛ぶ。

鳴き声は「ミュー、ミュー」とまるで子ネコのよう。最近は生息に適した広大な農耕地が減少し、めったに見られなくなった。豊岡市で約40羽の群れを観察したことがあり、貴重な思い出だ。全長32センチ。冬鳥。

ケリ―冬も田んぼで生活する

夏は騒がしいケリも冬は静か。刈り取りの終わった田んぼで、ちょこちょこ歩いては立ち止まりながら虫などを探している。一年を通して田んぼの近くで暮らす鳥の一つ。グレーの体なので目に付きにくいが、数羽単位でいることが多い。鳥たちは冬の間、食べ物探しに明け暮れる。空腹に耐えながら春を待つ。　　（森田俊司）

アリスイ

冬鳥　レッドリストB

長い舌でアリを捕らえる

　キツツキの仲間。北海道などで繁殖。県内では冬季に、少数が観察される。ハヤブサの観察中に偶然、目の前の枯れ木に止まったので驚いたことがある。漢字では「蟻吸」と書き、アリなどの虫を長い舌でなめるようにして捕らえる。体色は茶色が基調で、見た目は鳥類というよりも爬虫類のような感じがする。全長18センチ。　（三谷／黒田）

カヤクグリ

冬鳥　レッドリストA

高山で繁殖する日本特産種

　日本特産種。主に高山で子育てをし、寒くなると低地に下りてくる。県内では氷ノ山山系で繁殖記録がある。全身が焦げ茶色の地味な鳥で、目にすることはまれ。ハヤブサの調査地で越冬しているのを見つけた。この個体はそれほど警戒心が強くなく、運よくかなり近くから撮影することができた。全長14センチ。

（三谷／三谷）

ウソ

冬鳥

うそ替え神事の主役

　名前の由来は、鳴き声が口笛と似ており、口笛を意味する古語の「うそ」から。菅原道真と縁があり、1月は太宰府天満宮（7日）や大阪天満宮（24日、25日）など、全国各地で「うそ替え神事」が開催される。参拝者が、境内でお互いに木彫りのウソ人形（またはお守り）を交換し合う。「うそをまことに変える」という意味が込められている。上の写真は雄。

サクラの新芽を食べる

　本州中部以北の亜高山帯などで繁殖する。県内では冬鳥。「フィー」と特徴のある声で鳴くので、姿が見えなくても近くにいることが分かる。サクラの咲き具合がよくない年がある。原因の一つは、春先にウソがサクラの新芽を食べるからだ。毎年、お花見を楽しみにしている私としては、この季節は複雑な気持ちになる。下の写真は雌。全長16センチ。　　　（三谷／三谷）

シメ

冬鳥

太いくちばしとずんぐりした体

　くちばしが太く尾が短いので、ずんぐりとした体形に見える。大陸の他、日本では中部地方以北で繁殖し、県内では冬に観察される。冬のくちばしはピンク色で、春になると鉛色に変わる。雄は目の先が黒く、雌は淡い褐色をしている。また、翼の色は雄の初列風切と次列風切が紺色で、雌が灰色。地鳴きは「ピチッ」「チッ」と鋭い声。写真は上、下とも雄。

堅い種子を
ゆっくりかみ砕く

　シメの好きなムクの実を食べてみた。直径1センチほどの大きさで黒紫に熟している。柔らかく干し柿のような甘さがありおいしかった。ところがシメは果肉の部分は目もくれずに、中央にある種子を好む。人間がペンチで挟んでやっと割れるほどの堅い種子を、舌でくるくる回しながら、30秒もかけてようやく1粒かみ砕く。全長19センチ。　　（山子／溝杭・森田）

アオバト

留鳥

尺八の節回しのような声

　九州以北の山地で繁殖し、冬は低地の公園でも見られる。雄はオリーブ色の体に胸が黄色、雨覆（あまおおい）は赤紫色。雌は全体的にオリーブ色。共にくちばしはトルコ石のような独特の青色をしている。尺八の節回しのような声で「オーアーオー…」と鳴く。初めて声を聞いた時は、誰かが山奥で、こっそり尺八の練習をしているのかと思ったほどだ。写真は上、下とも雄。

海水を飲みに森から海岸へ

　繁殖期には見つけにくい。森からほとんど移動しないことや、ひなが生まれてもピジョンミルクを与え、他の野鳥のように給餌活動で巣の出入りを頻繁にしないからである。5〜10月頃にかけて海岸で海水を飲む行動が知られているが、その理由は謎である。姫路公園では冬に時々見かける。カシの木に止まって、大きなドングリをほおばっていた。全長33センチ。

　　　　（山子／溝杭・森田）

ミヤマガラス

冬鳥

大陸から群れになって飛来

　冬になると海を越えて大陸から渡来するカラスがいる。ミヤマガラスもその一種で、広い田園地帯を好み、地上で食べ物を探す。ハシボソガラスによく似ているが、体はやや小さい。また、くちばしの根元が白っぽく見えるので、識別ポイントになる。県内各地で見られるが、たつの市や加西市の田んぼでは、大きな群れに出合うことも。

くるくると舞いながら上昇

　漢字で書くと「深山鴉」。人里から遠く離れた山奥にすむカラスという意味で、昔は渡来数が少なかった。最近は数百羽単位で見られることもあり、よく電線に並んで止まっている。餌場を求めて移動する時は、タカのようにくるくると舞いながら高度を上げていく。カラスたちが空を覆い尽くす様子は、とてもシュールな光景だ。全長47センチ。

（三谷／溝杭・森田）

コクマルガラス

冬鳥　レッドリストC

子ネコのような声で鳴く

大きさはハトくらい。冬季に大陸から渡来する。面白いことに体の色が淡色型と黒色型に分けられ、前者は成鳥、後者は若鳥といわれている。特に淡色型は、体の色合いがパンダに似ているところから「パンダガラス」とも呼ばれる。ミヤマガラスの群れと一緒に行動することが多い。「キュウ」と子ネコのような声で鳴く。全長33センチ。
（三谷／溝杭）

カケス

留鳥

だまされるが憎めない

カラスの仲間で森林にすむ。ドングリが好物。地上の土の中や樹皮の隙間に蓄える習性があり、冬の保存食にしているようだ。他の鳥のものまねが得意で、しょっちゅうだまされる。しかし、最後に「ジェーィ」と鳴いて、正体を明かしてくれるので憎めない鳥だ。英名は「Jay」で、鳴き声に由来するのが面白い。全長33センチ。
（山子／溝杭）

キクイタダキ

冬鳥

頭のてっぺんに菊の花びら

　頭のてっぺんに黄色い菊の花びらを載せているかのように見えるので、キクイタダキ（菊戴）という。面白い名前の付け方だ。中部日本以北で繁殖し、兵庫県では冬季に見られる。日本最小の鳥。足はハリガネのように細く、体重も5グラム程度である。信じられないことだが、カマキリに捕まっている写真を見た。自然界では想像を超える現象が起きている。

ピンセットのようなくちばし

　マツなどの針葉樹林を好み、ホバリングを交えながら、ピンセットのようなくちばしで隠れている虫を捕まえる。その様子から古くは「松むしり」とも呼ばれていた。動きが素早い上に、マツの葉が邪魔をして写真を撮るのに苦労する。撮影をあきらめてカメラをしまうと近くまでやって来るので、完全に遊ばれている。全長10センチ。

（森田／森田）

ツリスガラ

冬鳥　レッドリストC

小さな体で海を渡る

　かつては珍しかったが、一時期、県内各地の河口のアシ原で普通に見られるようになった。ところが最近、再び減少傾向にある。目にモズのような黒い帯が通る。しかし、モズよりもやさしい感じがする。スズメより小さな体で、大陸から海を渡ってくる。飛翔力はあまりなさそうだが、どうやって飛んで来るのか見たいものだ。

アシの茎に隠れる虫を探す

　春先の暖かい日にアシ原で、か細い声で「チー、チー」と鳴いている。パキッ、パキッ、アシの茎を割る音が聞こえる。茎の中に隠れている虫を食べているようだ。オオジュリンに習性がよく似ており、茎につかまって、風にゆられる姿はとてもかわいい。色彩は地味だが、存在感のある鳥だ。全長11センチ。　（森田／森田）

ビンズイ

冬鳥

さえずりが名前の由来

　変わった名前だ。さえずりが「ビンビンツィーツィー」と鳴くのでビンズイというらしい。四国以北の高山や北日本では山地の林などで繁殖する。兵庫県では冬鳥。オリーブ色の体で、胸には縦じま模様がある。セキレイの仲間で尾が長い。習性も似ており、尾を上下に振りながら地上を歩く。驚くと木の上に逃げるが、しばらくすると戻ってくる。

マツ林の中を食べ物探し

　マツ林を好み、堆積した葉の上を歩きながら種子などを探す。毎年、だいたい決まった場所にやって来るので、寒くなると観察に出掛ける。マツの幹の後ろに隠れて、活動する様子をじっくりと見る。小さな群れで歩き回っている姿は、小型の恐竜が森の中で獲物を探す光景を想像させてくれる。よく似ているタヒバリとは、うまくすみ分けをしている。全長16センチ。　　　（森田／森田）

タヒバリ

冬鳥

田んぼをチョロチョロ

　大陸や千島列島などで繁殖する。ヒバリに似ているが、もう少し体はスマート。仲間のビンズイよりも羽の茶色味が強い。市街地ではあまり見ない。里山の広い田んぼを見渡すと、チョロチョロと動き回っていることがある。隠れる場所がないので、姿勢を低くして、じっと待つ。しかし、警戒してなかなかこちらには来てくれない。全長16センチ。　（森田／森田）

ハチジョウツグミ

冬鳥

胸が赤褐色のツグミ

　ツグミの体色にはさまざまなタイプがある。そのうち胸が赤褐色のものは、亜種のハチジョウツグミという。シベリア北部で繁殖し、その一部が秋に日本に渡ってくる。2009年の冬、西播磨のため池付近に現れ、ミミズや昆虫を食べていた。県内での渡来数は少なく、とても貴重な記録。それからツグミには気を付けるようになった。全長24センチ。

（溝杭／溝杭）

アトリ

冬鳥

春が近づくと雄の顔が黒に

　スズメくらいの大きさ。冬鳥として大陸から渡来し、群れになって木の実などを探す。食べるのに集中すると、すぐそばで観察していてもあまり気にならないようだ。春が近づくにつれて、雄の顔はだんだんと黒い夏羽に変わっていく(上の写真)。サクラの咲く頃まで日本に残っているが、この頃にはすっかり、精悍な顔つきになっている。

数万羽の大群になることも

　小さな群れは市街地の公園で、大きな群れは田んぼでよく見られる。私の住む姫路市北部では毎年、千羽ほどが越冬している。以前、朝来市で数万羽の群れを見たことがあるが、これほど大きな集団にはなかなかお目にかかれない。おそらく周辺に食べ物が豊富なのだろう。田んぼから一斉に飛び立つ様子は圧巻だった。下の写真は雌。全長16センチ。　　（三谷／森田）

マヒワ

冬鳥

群れになって種子などを食べる

　スズメより少し小さい。「チュイーン」と鳴く。大陸から渡来するが、年により個体数は増減する。一部は本州中部以北や北海道でも繁殖。群れで行動し、植物の種子などを食べる。雄の体は全体的に黄色で、雌は胸から下が白い。姿や行動パターンはアトリやカワラヒワによく似ており、鳴き声や翼の色などをしっかり確認しないと識別に迷う。上の写真は雄。

里山の林で冬を越す

　数万羽の群れで行動することがあるアトリと比べると、マヒワは大きな群れでも 100 羽前後だ。また、アトリは田んぼでも見るが、マヒワは里山の林で越冬することが多い。スギの実を食べているのを観察したことがある。虫の少ない冬季は、植物性の食べ物を求めて、あちらこちらを移動する。下の写真は左が雄、右が雌。全長 13 センチ。

（三谷／森田）

カラムクドリ

冬鳥

人家の庭に出現した珍鳥

　少数が九州南部や南西諸島などに渡来するが、県内では確実な記録がない。ところが2017年、姫路市内に出現。冬の間、野鳥たちに食べ物を与えている愛鳥家の庭に来たもので、35年間で初めてという。早速訪問して観察させてもらう。体の大きいヒヨドリとの争いでも「ジャジャ…」と激しく鳴いてけん制していた。全長20センチ。

（黒田／黒田）

ギンムクドリ

冬鳥

ヒヨドリも追い散らす

　カラムクドリが来たお宅に、今度は珍鳥、ギンムクドリのペアが来た。盆と正月が一緒に来たような、愛鳥家にとっては奇跡のような庭だ。大陸育ちのためか日本の庭では最強のヒヨドリを恐れず、「ジェー」と濁った甲高い声を上げて追い散らす。普段は2羽で仲良く「キュルル」とかわいい声で鳴き交わしているのに、そのギャップが面白い。全長24センチ。

（黒田／黒田）

ホシムクドリ

冬鳥

体にキラキラ星が光る

　テレビでローマ市内の夕刻の映像が流れている。黒っぽい鳥の群れが建物の上空を舞う。おっ、ホシムクドリだ。ヨーロッパでは普通の鳥であるが、兵庫県では珍しい。姫路市の公園で虫を探しているのを見つけた。名前の通り黒い体にキラキラした星のような模様がある。ムクドリの群れに交じって行動しているので、探すと発見できるかも。全長22センチ。（森田／森田）

ヤツガシラ

旅鳥　レッドリスト要調査

驚くと冠羽を扇型に広げる

　大陸で繁殖し、沖縄県では比較的よく見られるが、県内への飛来はまれ。高砂市で観察した時は、芝生や草地を歩き回りながら、細長い湾曲したくちばしを地面に突き立てて、ミミズや昆虫を捕らえていた。ふわふわと飛び、着地する時や驚いた時に、冠羽を扇のように広げる。特徴のある姿はとても印象的で、一度見たら忘れることはない。全長28センチ。

（溝杭／溝杭）

ヒレンジャク

冬鳥

年により渡来数が変化

　日本で見られるレンジャクの仲間はヒレンジャクとキレンジャクの２種類。見分け方は尾の先の色で、前者は赤色、後者は黄色。大陸で繁殖する。県内では年が明けてから飛来することが多いが、よく見られる年と、まったく見られない年がある。大陸に食べ物が豊富な年は渡来数が少ないと考えられる。ヒレンジャクは西日本に、キレンジャクは東日本に多い。

ヤドリギとのユニークな関係

　「チー、チー」と、細い声で鳴く。群れで飛来し、市街地の公園や民家の庭で、ネズミモチやモチノキ、ヤドリギなどの実を食べる。ヤドリギの実を食べると、ふんに粘り気が出る。ふんと一緒に排出された種は木に貼りついて発芽し、新しく寄生する仕組みになっている。満腹になると木の枝や電線に止まって休憩する。全長18センチ。

（三谷／森田）

トビ

留鳥

三味線の撥の形をした尾

　ほぼ全国的に見られる鳥で、三味線の撥のような形をした尾が特徴。雑食で海岸に打ち上げられた魚なども食べる。「ピーヒョロロ」と鳴きながら、のんびり飛んでいるイメージだが、いつも首をキョロキョロさせて、食べ物を探している。トビの翼の先は六つに分かれている。ノスリは五つ。猛禽類は翼の先の形状も識別ポイントの一つだ。

誘惑にかられるとび色の瞳

　「鳶が鷹を産む」。トビが平凡で、タカが優れたものというたとえであるが、トビもタカの仲間だ。人間の近くでも生活しており、漁港では魚のおこぼれを、行楽地では弁当のおかずを狙うことも。「とび色の瞳」とは、文学の世界では混じり気のない澄んだ瞳を指すらしい。誘惑にかられる瞳に縁のあるトビは、私の愛する鳥だ。全長は雄59センチ、雌69センチ。

（山子／森田）

カワガラス

留鳥　レッドリストC

渓流にすむ焦げ茶色の鳥

　渓流の上をカワガラスが、別の一羽を猛烈に追いかけている。それから直径3メートルくらいの岩の上に止まり、尾を上下に動かしながら、「ビッ、ビッ」と鳴いた。全身焦げ茶色。沢沿いの岩の上を歩いて、くちばしで一枚一枚、枯れ葉をひっくり返し、隠れている水生昆虫などを探す。よく羽を小さく開閉する動作をするが、どういう意味があるのだろうか。

川底を歩いて食べ物を探す

　川の上流の水のきれいな環境を好む。泳ぐのは得意で、水中に潜って川底を歩きながら食べ物を探すことも。主食の水生昆虫は羽化する前の1〜3月頃が一番成長するので、この時期に合わせて他の鳥よりも早くから繁殖する。水ゴケを使って巣を作り、4〜5羽のひなを育てる。名前は紛らわしいが、カラスの仲間ではない。全長22センチ。

（山子／森田・溝杭）

イソシギ

留鳥　レッドリストC

日本で繁殖するシギ

　日本で子育てをする数少ないシギ。河原や河口付近で、年中見られる。腰を上下に振りながらリズムをとるように歩く習性があり、とても印象に残る。腹の白色部分が脇に向かって切れ込んでいるのが特徴で、よく似ているクサシギにはこの切れ込みがない。また、飛んだ時、翼に白帯が出る(クサシギはない)。「チーリーリー」と細い声で鳴く。(山子／森田)

カワラヒワ

留鳥

草食系のオリーブ色の小鳥

　公園などによくいる鳥であるが、意外と知られていない。「キリリ、コロロ」と小さな鈴を鳴らすような優しい声。「ジュイーン」と特徴のある声もかわいい。オリーブ色の体で、飛んだ時は翼に黄色い紋が出る。草や木の実が好物。ヒマワリの種子もよく食べる。冬は大きな群れになることがある。全長15センチ。　(森田／森田)

フクロウ

留鳥

不吉な鳥から一転、人気者に

豊かな森にすむ。古来、日本では不吉な鳥といわれてきた。夜間、「ホッホ、ゴロスケ、ホッホウ」と太い声で鳴き、「ギャー」という気味の悪い声も。聞きなしは「ぼろ着て奉公」「のり付け干せ」などがある。最近は幸福の象徴として、当て字で「不苦労」「福郎」と呼ばれ、マスコット人形や焼き物などが各地で売られている。フクロウカフェも大人気だ。

もふもふの巣立ちびな

春、大木の洞に卵を産む。雌は約1カ月かけて卵を温め、ひなが誕生する。雄はネズミや小鳥などの食べ物をせっせと運ぶ役割だ。それから1カ月後にひなが巣立ちをする。巣の入り口に立つ姿は、もふもふのぬいぐるみのようで大変かわいい。しかし、もう翌日には、親鳥はひなを連れて営巣した木から離れ、別の場所へと移動する。全長50センチ。　　（溝杭／溝杭）

冬の猛禽類

ノスリ―モグラもキャッチ

　ノスリは電柱のてっぺんに止まって、ネズミやモグラなどの小動物を探す。ネズミは分かるが、モグラは地中で生活をしているのにどうして捕獲できるのだろうかと不思議に思っていた。どうも地中のトンネルを移動する時に、わずかに地面が揺れるので、土ごと"わしづかみ"して捕獲するようだ。遠く離れた場所から、そんな細かな動きまで見ている視力の良さに驚く。

ケアシノスリ―足が毛に覆われる

　ケアシノスリは冬鳥として大陸から渡来する。年によって渡来数が多い時もあれば、少ない時もある。ノスリと同じような環境で生活し、姿もとてもよく似ているが、ケアシノスリの方が全体的に白っぽく、尾の先端が黒褐色なので、見分けることができる。足は名前の通り白い羽毛に覆われている。全長は雄56センチ、雌59センチ。レッドリストB。

チュウヒ―V字形で飛翔

　日本では北海道や本州のアシ原などで少数が繁殖。兵庫県でも繁殖例はあるが、主に秋に飛来する。両翼を浅いV字形に広げ、アシ原が広がる湿地の上をゆっくりと飛びながら、ネズミなどの小動物を探す。体の色は大陸生まれと国内生まれで違い、個体差も大きいので、判別するためいつも図鑑とにらめっこだ。全長は雄48センチ、雌58センチ。冬鳥。レッドリストA。

オオタカ―市街地上空でも飛行

　姫路城下に鷹匠町(たかじょうまち)という地名が残っている。江戸時代、藩主の狩りに随行した鷹匠が住んでいた。そこではオオタカが飼われていた。今は冬になると姫路城の上を野生のオオタカが舞う。まちにすむドバトなどを狙っているようだ。早朝、公園を歩いていると、犠牲になったハトたちの羽毛が散乱しているのを見ることがある。自分よりも体の大きいコサギを捕食することも。

冬の猛禽類

チョウゲンボウ─羽ばたきは、ひらひら

　田園地帯や田畑が残る住宅地でも見かける小型のタカ。県内では主に秋から冬にかけて生息。よく電線に止まって、周囲を観察しているのを見る。スマートな体で翼の先がきれいにそろっている。羽ばたきはひらひらした感じがする。空中でホバリングをして、小鳥や昆虫などを狙う。かわいい顔をしているが、有能なハンターだ。

コチョウゲンボウ─雄の羽は青味がかる

　兵庫県稲美町のため池でカモを観察していたら、目の前の電線に止まった。勇気のあるハクセキレイがすぐ近くにやってきて大声で威嚇する（モビング）。しかし、体の大きさが全く違うので相手にならない。悠然と毛づくろいをして飛び立った。チョウゲンボウよりも少し体は小さく、雄の羽は青味がかる。全長は雄が28センチ、雌が32センチ。冬鳥。レッドリストC。　　（三谷康則）

春近づく

もうすぐ帰る冬鳥たち

　ジョウビタキ（写真）やシロハラ、ツグミなどの冬鳥たちが北の国に帰る準備を始めている。この時期は体力を蓄えるため、みんな食べるのに必死で、近づいてもあまり警戒しなくなる。もうすぐ日本海を渡って繁殖地へ飛んでいく。小鳥たち一羽一羽に、どんなドラマがあるのだろうか。冬鳥と入れ替わるように、南の国から夏鳥がやって来る。

ジョウビタキ

ハネムーン支度に大忙し

　カモたちは日本でペアになって、北の国に渡っていく（ハネムーンだ）。雌が地味なのは、地上に巣を作るからで、上空からタカに見つかりにくいように、茶色い枯れ草に似た保護色になっている。一緒に仲良く泳ぐマガモのペア（写真）をうらやましく観察する。しかし、カモの世界では子育てをするのは雌だけ。2羽の未来を思うと複雑な気持ちになる。

マガモのペア

謎の覆面レスラー

　春になると、黒いマスクをかぶった悪役レスラーに変身する（冬羽から夏羽へ変わる）ズグロカモメ（写真）。同じ種類とは思えないほど、季節によって色彩が変わるのも鳥たちの魅力。哺乳類ではあまり見られない。その他にも、さえずりやダンスなど、つがいになるための努力を惜しまない。ユリカモメも黒頭巾の顔に。こちらは数が多いので海岸に見に行こう。

ズグロカモメ

貴婦人もおめかし

　カンムリカイツブリも夏羽に変わり、上品な白から派手な色彩に（写真）。ペアになると向かい合って、首を伸ばしたり縮めたりするダンスや、体をすり寄せる求愛行動を始める。もうすぐ北の地方に向けて旅立つが、飛ぶ時の様子は、体が重いのか低空を一生懸命に羽ばたいてしんどそう。これで長時間飛べるのか心配になる。でも疲れたら泳げるから大丈夫か。

カンムリカイツブリ

大空はボクのもの

　ヒバリがさえずる。春の風物詩。肉眼で米粒くらいにしか見えなくなるまで高く上がる。その様子から、太陽から借金を取り立てるため「日一分、日一分、利取る…」などと鳴いて催促しているという民話がある。地上に降りても、くいの上で、大きな口をいっぱいに開けて鳴き続ける。昔は普通に生息していたが、市街化が進みあまり見られなくなった。全長17センチ。留鳥。

ヒバリ

美声の競演

　ウグイス（写真）のさえずり「ホー、ホケキョ」は有名だ。しかし、最初から上手に鳴けるのではなく、まだ寒い頃からコツコツ練習を積み重ねる。面白いことに各地で方言があり、どう聞いてみても「ホー、ホケキョ」と聞き取れないことがある。注意して聞き比べてほしい。「ケキョ、ケキョ…」という谷渡りは警戒の声。この声を聞いたら嫌われているのかもしれない。宝塚市、新温泉町の鳥。全長14〜16センチ。留鳥。

ウグイス

春近づく

体力を使う巣作り

　木くずが風に乗ってふわふわ飛んでいる。辺りを見ると、丸い穴から顔を出したコゲラが、口いっぱいにほおばった木くずを放り出していた（写真）。キツツキの仲間はくちばしで木に穴を掘って巣を作る。脳振とうを起こさないか心配するが、頭の中は厚い筋肉やスポンジ状の骨などの働きで衝撃を和らげる仕組みになっているという。子育て後の巣穴は、他の鳥や動物に再利用される。

コゲラ

水草の奪い合い

　近所のため池。水草も食べ尽くされて、水中深く沈んでいるものだけになった。オオバンは潜水できるが、ヒドリガモは体の半分までしか潜れないので食べられない。水面に浮上したオオバン（写真左）にヒドリガモ（右）が近寄って、くわえている水草を狙う。当人たちは真剣だが見ている方は面白くて、いつも取られてしまうオオバンを激励する。　　（森田俊司）

オオバン（左）とヒドリガモ

野鳥を楽しむ

バードウオッチングに挑戦しよう

　バードウオッチング（野鳥観察）というと観察道具（双眼鏡や望遠鏡）が必要で、しかも特別な場所に行かなければ見られないのでは、と考える人もあるだろう。しかし、そのようなことは全くなく、老若男女を問わずいつでも気軽に始めることができる。

　四季折々に見られる野鳥を通して、人も野鳥と同様に自然界の一部だと実感することがよくある。心が豊かになり、動植物を含む他者に対して優しくなれる。これがバードウオッチングの魅力であると私は考える。

　今までよりほんの少し野鳥を意識しながら自宅の周辺を歩いてみると、意外とたくさんの鳥たちがいることに気づく。やがて見慣れているはずのハトやカラスたちにも、いろいろな種類があることがだんだんと分かってくる。

　最初は見つけた鳥の特徴や日時、場所、行動、鳴き声などをノートに記録していくだけでいい。さらにもっと野鳥のことを知りたい、探してみたいと思うようになれば、その時に双眼鏡（8〜10倍）や図鑑を購入すればよい。また、気軽に探鳥会にも参加してみよう。経験者からいろいろなアドバイスをしてもらえる。

　バードウオッチングは相手が生き物であり、また天候にも影響されるので、お目当ての野鳥を見つけることができないこともある。しかし野鳥のさえずりを聞きながら野山を歩くと、日ごろのストレスを発散することができ、健康維持にも大変役に立つだろう。少しでも野鳥に興味を持たれたなら、まずは近所の散策からスタートしよう。素敵な出合いが待っている。

（吉井淳一）

メジロ

家の周りで見られる野鳥たち

　バードウオッチングを始めて20数年経つが、未だに鳥の識別に自信がない。どちらかというと「鳥運」（見たい鳥に出合うチャンス）にも恵まれていないようである。自宅は海岸近くの小高い山の麓にあり、裏はありふれた雑木林。しかし、こんな場所でも四季を通じて、いろいろな鳥たちが毎日やって来る。春は早朝から、ウグイスはもちろんのこと、コルリ、コマドリ、クロツグミたちのさえずりで目を覚ます。普段は目覚めが悪いが、鳥たちの声には敏感に反応するのが不思議だ。

　北海道に向かう途中のエゾセンニュウが3日ほど立ち寄ったことがある。また、3年前にはサンコウチョウが飛来した。決まって早朝の4時半頃からにぎやかに「月、日、星、ホイホイホイ」と鳴いて、我が家の物干し竿から電線に止まるのを繰り返す。気に入ったのか1カ月ほど滞在してくれた。次の年もやって来て、おそらく同じ個体だと思われるが、この時は1週間で姿が見えなくなった。5月末にはホトトギスが来て、「テッペンカケタカ」と夜通し鳴き続けるので、毎晩安眠できなかった。また、昼間はコジュケイが大声で「ちょっと来い」と鳴く。呼ばれていそいそと見に行くと藪の中に逃げ込んでしまう。冬には常連のアオジやシロハラ、シメのほか、ベニマシコやルリビタキが来たこともある。年中見られるメジロやヒヨドリ、シジュウカラ、エナガ、キジたちもかわいい。これからもいろいろな鳥たちが来て、私をワクワクさせてくれるのを期待している。

（後藤美枝子）

サンコウチョウ

野鳥を楽しむ

私の自慢のフィールド

　兵庫県内には野鳥がたくさん見られる観察スポットがいくつもある。しかし、それ以外に自分だけの秘密の場所を回るのも楽しい。私のフィールドは自宅から近い市川（姫路市）。月に最低1度は観察に出かけて記録をとる。特に3月から5月にかけては冬鳥と夏鳥が入り混じって、1日で40種類前後の野鳥を観察することができる。また、12月、1月頃は大好きなオオタカやハヤブサなどの猛禽類が上空を舞うことがあり、この時はとても興奮する。一方で夏から秋にかけては野鳥の姿は少ない。これからも観察を続けて、いつかここでヤツガシラやアカガシラサギ、コミミズクに出合えるのを夢見ている。

　3年前から車で10分ほどの里山を新しいフィールドに加えた。出かけるたびにいつも新しい発見があるのがうれしい。すでに100種類近く観察した。

　フィールドの条件は、①自宅から近い、②海、山、川、池、農地などの要素が2つ以上重なる場所、③渡り鳥の通り道（市街地にぽつんとある緑のオアシスである都市公園など）がよい。

　場所を決めたら月に2回程度、1年間観察を続けよう。その時に必ず観察記録をとること。野鳥たちの行動から季節の移り変わりを肌で感じることができる。心豊かな時間を過ごすことのできる野鳥観察をこれからも続けていきたい。

（真殿　博）

ハヤブサ

野鳥たちの未来に思いを寄せて

　鳥を含め野生動物たちにとって住みにくい時代が続いている。おだやかな江戸時代から明治時代に入った途端に、社会全体の近代化が急速に進められ、開発や狩猟、駆除などの目的で多くの動物たちが減少。ニホンオオカミやエゾオオカミが絶滅した。アホウドリは羽毛の採取のために乱獲され、一時は絶滅したと思われていた。戦後も受難の時代は続き、高度成長期の乱開発や公害などの影響で、環境の変化に適応できない動物たちが絶滅した。ニホンカワウソやトキ、コウノトリがその例だ。タンチョウも危なかった。

　県内に目を向ければイヌワシが危機的状況にある。さらに近年、シギやチドリ類は、中継地となる干潟やハス田の埋め立てが進んだ結果、食べ物を調達できなくなり、急激に渡来数が減少している。現在は河川の水質が改善され、魚が戻りサギ類やカワウなどの水鳥は個体数が回復しつつある。しかし、今度は増えすぎて「大量にフンをする」「魚を捕食する」など、人間に悪影響を及ぼす害鳥だという理由から駆除されることもある。また、少し前まで普通にいたサシバやブッポウソウ、アオバズク、ヤマセミなどが姿を消す一方、人間社会にうまく適応したハクセキレイ、イソヒヨドリ、シジュウカラたちが勢力を拡大している。

　鳥たちの歴史を振り返って現在と比較すると非常に興味深い。例えばカササギは現在、佐賀平野を中心に局地的に生息しているが、昔、朝鮮半島から移入された子孫だという説がある。外国産の鳥が日本で繁殖する例はよくあり、近年はセキセイインコやハッカチョウ、ソウシチョウ、ベニスズメなどがいる。また面白いことに、約1300年前に編纂された『播磨国風土記』に、カササギが船引山（兵庫県佐用町三日月）にいるという記述がある。当時から外国産の鳥という認識はあったようだが、どうやって来たのだろうか。歴史の一面からアプローチしてみても野鳥の世界は不思議がいっぱい。さて1000年後はどうなっているか、とても気になる。

　生き物の世界に盛衰はつきものだ。46億年の地球の歴史の中で、生命

が誕生して40億年。進化の過程で温暖化や寒冷化など環境の変化にもまれ、繁栄と滅亡を繰り返していった。今、存在する私たちすべての生き物は、厳しい生存競争を勝ち抜いていった者たちといえよう。ところが人類があまりにも勢力を広げ過ぎた結果、自然破壊が進んで環境に大きな影響を与え、ほかの多くの生き物たちの生命を脅かせている。生物多様性を守り続けるためにも、同じ地球に住む仲間として、私たちはもう少し謙虚な気持ちで、生き物たちに接していく必要があるのではないか。いつまでも自然の生き物たちが普通に暮らせる世界を願う。

　2018年4月から神戸新聞に「ひょうごの野鳥」というコラムを、西播愛鳥会で1年間連載させていただく機会を得た。毎回、一生懸命に取り組み、最後は精も根も尽き果てた。一息つく間もなく、本にまとめないかというお誘いを受け、残った力をふり絞り、なんとか今回の出版にこぎつけた。とりわけ連載中に「本にしてほしい」という電話や手紙を、多くの読者の皆さんからいただいたことが大きな励みになった。

　野鳥の観察をはじめて数十年。この間、不審者に間違えられたり、猟犬に追いかけられたり、森で熊さんに出合ったりと、野鳥の観察を通していろいろな出来事があった。できるだけ多くの方に野鳥を身近に感じていただけたらと、それぞれの特徴のほかに面白い行動や感じたことをできるだけ紹介するよう努めた。

　最後にお願いを。繁殖期に巣立ち直後のひなが地上に下りていることがある。「巣から落ちたのでは」「ネコに襲われると危険だ」などの理由から善意で保護する人がいるが、衰弱や外傷等がなければそのままに。すぐ近くで親が見守っている。また、釣りで使用したテグスはその場に捨てないで、必ず持ち帰って処分を。シギやチドリ、カモメなどの水鳥が足にからませているのをよく見る。何気ない行為が野鳥たちの命を奪うことがある。そして自らも反省。観察に夢中のあまり近づきすぎて驚かせたり、食事の邪魔をするなど迷惑を掛けた多くの野鳥たちに「ごめんなさい」と謝りたい。

　執筆にあたり神戸新聞連載中から森玉康宏氏には大変お世話になった。貴重な紙面に好きなことを自由に書かせていただいて感謝している。心からお礼申し上げたい。

西播愛鳥会

兵庫県鳥類リスト

■自然分布種　太字は選定種

目名	科名	種名	学名	ランク(2013)	掲載ページ
キジ目	**キジ科**	**ウズラ**	***Coturnix japonica***	A	
キジ目	**キジ科**	**ヤマドリ**	***Syrmaticus soemmerringii***	要注目	117
キジ目	キジ科	キジ	*Phasianus colchicus*		10
カモ目	**カモ科**	**サカツラガン**	***Anser cygnoides***	A	
カモ目	**カモ科**	**ヒシクイ**	***Anser fabalis***	B	147
カモ目	**カモ科**	**マガン**	***Anser albifrons***	C	147
カモ目	カモ科	カリガネ	*Anser erythropus*		
カモ目	カモ科	シジュウカラガン	*Branta hutchinsii*		
カモ目	**カモ科**	**コクガン**	***Branta bernicla***	要注目	146
カモ目	**カモ科**	**コハクチョウ**	***Cygnus columbianus***	C	145
カモ目	**カモ科**	**オオハクチョウ**	***Cygnus cygnus***	B	146
カモ目	カモ科	ツクシガモ	*Tadorna tadorna*		148
カモ目	カモ科	アカツクシガモ	*Tadorna ferruginea*		
カモ目	**カモ科**	**オシドリ**	***Aix galericulata***	B	84、149
カモ目	カモ科	オカヨシガモ	*Anas strepera*		150
カモ目	カモ科	ヨシガモ	*Anas falcata*		150
カモ目	カモ科	ヒドリガモ	*Anas penelope*		148、189
カモ目	**カモ科**	**アメリカヒドリ**	***Anas americana***	要注目	153
カモ目	カモ科	マガモ	*Anas platyrhynchos*		151、186
カモ目	カモ科	カルガモ	*Anas zonorhyncha*		49、102
カモ目	カモ科	ハシビロガモ	*Anas clypeata*		99、152
カモ目	カモ科	オナガガモ	*Anas acuta*		152
カモ目	**カモ科**	**シマアジ**	***Anas querquedula***	C	29
カモ目	**カモ科**	**トモエガモ**	***Anas formosa***	C	153
カモ目	カモ科	コガモ	*Anas crecca*		94
	(亜種)	(アメリカコガモ)	*Anas crecca carolinensis*		157
カモ目	カモ科	アカハシハジロ	*Netta rufina*		
カモ目	カモ科	オオホシハジロ	*Aythya valisineria*		
カモ目	カモ科	ホシハジロ	*Aythya ferina*		156
カモ目	カモ科	アカハジロ	*Aythya baeri*		
カモ目	カモ科	キンクロハジロ	*Aythya fuligula*		156
カモ目	カモ科	スズガモ	*Aythya marila*		155
カモ目	**カモ科**	**シノリガモ**	***Histrionicus histrionicus***	B	
カモ目	**カモ科**	**ビロードキンクロ**	***Melanitta fusca***	B	
カモ目	**カモ科**	**クロガモ**	***Melanitta americana***	C	
カモ目	カモ科	ヒメハジロ	*Bucephala albeola*		
カモ目	カモ科	ホオジロガモ	*Bucephala clangula*		

目名	科名	種名	学名	ランク(2013)	掲載ページ
カモ目	カモ科	ミコアイサ	*Mergellus albellus*		155
カモ目	カモ科	カワアイサ	*Mergus merganser*		154
カモ目	カモ科	ウミアイサ	*Mergus serrator*		154
カモ目	カモ科	コウライアイサ	*Mergus squamatus*		
カイツブリ目	カイツブリ科	カイツブリ	*Tachybaptus ruficollis*		50、85
カイツブリ目	カイツブリ科	アカエリカイツブリ	*Podiceps grisegena*		
カイツブリ目	カイツブリ科	カンムリカイツブリ	*Podiceps cristatus*		159、187
カイツブリ目	カイツブリ科	ミミカイツブリ	*Podiceps auritus*		
カイツブリ目	カイツブリ科	ハジロカイツブリ	*Podiceps nigricollis*		159
ネッタイチョウ目	ネッタイチョウ科	アカオネッタイチョウ	*Phaethon rubricauda*		
ネッタイチョウ目	ネッタイチョウ科	シラオネッタイチョウ	*Phaethon lepturus*		116
ハト目	ハト科	カラスバト	*Columba janthina*		
ハト目	ハト科	キジバト	*Streptopelia orientalis*		78、102
ハト目	ハト科	アオバト	*Treron sieboldii*		167
アビ目	**アビ科**	**アビ**	***Gavia stellata***	要調査	
アビ目	**アビ科**	**オオハム**	***Gavia arctica***	要調査	144
アビ目	**アビ科**	**シロエリオオハム**	***Gavia pacifica***	要調査	
ミズナギドリ目	ミズナギドリ科	シロハラミズナギドリ	*Pterodroma hypoleuca*		
ミズナギドリ目	ミズナギドリ科	オオミズナギドリ	*Calonectris leucomelas*		
ミズナギドリ目	ミズナギドリ科	オナガミズナギドリ	*Puffinus pacificus*		
ミズナギドリ目	ミズナギドリ科	ハシボソミズナギドリ	*Puffinus tenuirostris*		
ミズナギドリ目	ミズナギドリ科	アナドリ	*Bulweria bulwerii*		
ミズナギドリ目	ウミツバメ科	ヒメクロウミツバメ	*Oceanodroma monorhis*		
ミズナギドリ目	ウミツバメ科	コシジロウミツバメ	*Oceanodroma leucorhoa*		
ミズナギドリ目	ウミツバメ科	ハイイロウミツバメ	*Oceanodroma furcata*		
コウノトリ目	コウノトリ科	ナベコウ	*Ciconia nigra*		
コウノトリ目	**コウノトリ科**	**コウノトリ**	***Ciconia boyciana***	A	11
カツオドリ目	グンカンドリ科	オオグンカンドリ	*Fregata minor*		
カツオドリ目	グンカンドリ科	コグンカンドリ	*Fregata ariel*		
カツオドリ目	カツオドリ科	カツオドリ	*Sula leucogaster*		
カツオドリ目	**ウ科**	**ヒメウ**	***Phalacrocorax pelagicus***	B	
カツオドリ目	ウ科	カワウ	*Phalacrocorax carbo*		97、115
カツオドリ目	ウ科	ウミウ	*Phalacrocorax capillatus*		116
ペリカン目	**サギ科**	**サンカノゴイ**	***Botaurus stellaris***	A	
ペリカン目	**サギ科**	**ヨシゴイ**	***Ixobrychus sinensis***	A	58
ペリカン目	**サギ科**	**オオヨシゴイ**	***Ixobrychus eurhythmus***	B	
ペリカン目	**サギ科**	**ミゾゴイ**	***Gorsachius goisagi***	A	
ペリカン目	サギ科	ゴイサギ	*Nycticorax nycticorax*		56、100
ペリカン目	**サギ科**	**ササゴイ**	***Butorides striata***	C	57
ペリカン目	**サギ科**	**アカガシラサギ**	***Ardeola bacchus***	要注目	

目名	科名	種名	学名	ランク(2013)	掲載ページ
ペリカン目	サギ科	アマサギ	*Bubulcus ibis*		54
ペリカン目	サギ科	アオサギ	*Ardea cinerea*		55
ペリカン目	サギ科	ムラサキサギ	*Ardea purpurea*		
ペリカン目	サギ科	ダイサギ	*Ardea alba*		53、87、102
ペリカン目	**サギ科**	**チュウサギ**	***Egretta intermedia***	C	52
ペリカン目	サギ科	コサギ	*Egretta garzetta*		51、86、160
ペリカン目	**サギ科**	**クロサギ**	***Egretta sacra***	B	58
ペリカン目	**サギ科**	**カラシラサギ**	***Egretta eulophotes***	要注目	
ペリカン目	トキ科	クロトキ	*Threskiornis melanocephalus*		
ペリカン目	**トキ科**	**ヘラサギ**	***Platalea leucorodia***	要注目	114
ペリカン目	**トキ科**	**クロツラヘラサギ**	***Platalea minor***	要注目	114
ツル目	ツル科	マナヅル	*Grus vipio*		
ツル目	ツル科	クロヅル	*Grus grus*		
ツル目	ツル科	ナベヅル	*Grus monacha*		
ツル目	クイナ科	シマクイナ	*Coturnicops exquisitus*		
ツル目	**クイナ科**	**クイナ**	***Rallus aquaticus***	要調査	157
ツル目	クイナ科	シロハラクイナ	*Amaurornis phoenicurus*		
ツル目	**クイナ科**	**ヒメクイナ**	***Porzana pusilla***	要調査	
ツル目	**クイナ科**	**ヒクイナ**	***Porzana fusca***	B	30
ツル目	クイナ科	ツルクイナ	*Gallicrex cinerea*		
ツル目	クイナ科	バン	*Gallinula chloropus*		73
ツル目	クイナ科	オオバン	*Fulica atra*		158、189
ノガン目	ノガン科	ノガン	*Otis tarda*		
カッコウ目	**カッコウ科**	**ジュウイチ**	***Hierococcyx hyperythrus***	C	67
カッコウ目	カッコウ科	ホトトギス	*Cuculus poliocephalus*		67
カッコウ目	カッコウ科	セグロカッコウ	*Cuculus micropterus*		
カッコウ目	カッコウ科	ツツドリ	*Cuculus optatus*		66、99
カッコウ目	カッコウ科	カッコウ	*Cuculus canorus*		66
ヨタカ目	**ヨタカ科**	**ヨタカ**	***Caprimulgus indicus***	A	72
アマツバメ目	アマツバメ科	ハリオアマツバメ	*Hirundapus caudacutus*		95
アマツバメ目	アマツバメ科	アマツバメ	*Apus pacificus*		
アマツバメ目	**アマツバメ科**	**ヒメアマツバメ**	***Apus nipalensis***	B	
チドリ目	チドリ科	タゲリ	*Vanellus vanellus*		163
チドリ目	チドリ科	ケリ	*Vanellus cinereus*		32、163
チドリ目	チドリ科	ムナグロ	*Pluvialis fulva*		90
チドリ目	**チドリ科**	**ダイゼン**	***Pluvialis squatarola***	C	90
チドリ目	チドリ科	ハジロコチドリ	*Charadrius hiaticula*		
チドリ目	**チドリ科**	**イカルチドリ**	***Charadrius placidus***	B	22
チドリ目	チドリ科	コチドリ	*Charadrius dubius*		20、97
チドリ目	**チドリ科**	**シロチドリ**	***Charadrius alexandrinus***	A	21

目名	科名	種名	学名	ランク(2013)	掲載ページ
チドリ目	チドリ科	メダイチドリ	*Charadrius mongolus*		22
チドリ目	**チドリ科**	**オオメダイチドリ**	***Charadrius leschenaultii***	B	
チドリ目	チドリ科	オオチドリ	*Charadrius veredus*		
チドリ目	チドリ科	コバシチドリ	*Charadrius morinellus*		
チドリ目	**ミヤコドリ科**	**ミヤコドリ**	***Haematopus ostralegus***	要調査	144
チドリ目	**セイタカシギ科**	**セイタカシギ**	***Himantopus himantopus***	B	23
チドリ目	**シギ科**	**ヤマシギ**	***Scolopax rusticola***	B	
チドリ目	シギ科	コシギ	*Lymnocryptes minimus*		
チドリ目	**シギ科**	**アオシギ**	***Gallinago solitaria***	B	162
チドリ目	**シギ科**	**オオジシギ**	***Gallinago hardwickii***	B	
チドリ目	シギ科	ハリオシギ	*Gallinago stenura*		
チドリ目	**シギ科**	**チュウジシギ**	***Gallinago megala***	B	
チドリ目	**シギ科**	**タシギ**	***Gallinago gallinago***	B	25
チドリ目	シギ科	オオハシシギ	*Limnodromus scolopaceus*		
チドリ目	シギ科	シベリアオオハシシギ	*Limnodromus semipalmatus*		
チドリ目	**シギ科**	**オグロシギ**	***Limosa limosa***	B	24
チドリ目	**シギ科**	**オオソリハシシギ**	***Limosa lapponica***	B	28
チドリ目	シギ科	コシャクシギ	*Numenius minutus*		
チドリ目	シギ科	チュウシャクシギ	*Numenius phaeopus*		25、60
チドリ目	**シギ科**	**ダイシャクシギ**	***Numenius arquata***	B	91
チドリ目	**シギ科**	**ホウロクシギ**	***Numenius madagascariensis***	B	91
チドリ目	**シギ科**	**ツルシギ**	***Tringa erythropus***	B	27
チドリ目	**シギ科**	**アカアシシギ**	***Tringa totanus***	B	
チドリ目	**シギ科**	**コアオアシシギ**	***Tringa stagnatilis***	B	
チドリ目	**シギ科**	**アオアシシギ**	***Tringa nebularia***	B	
チドリ目	シギ科	カラフトアオアシシギ	*Tringa guttifer*		
チドリ目	シギ科	クサシギ	*Tringa ochropus*		26
チドリ目	**シギ科**	**タカブシギ**	***Tringa glareola***	B	26
チドリ目	シギ科	キアシシギ	*Heteroscelus brevipes*		61、92
チドリ目	シギ科	メリケンキアシシギ	*Heteroscelus incanus*		
チドリ目	**シギ科**	**ソリハシシギ**	***Xenus cinereus***	B	61、92
チドリ目	**シギ科**	**イソシギ**	***Actitis hypoleucos***	C	181
チドリ目	シギ科	キョウジョシギ	*Arenaria interpres*		27
チドリ目	**シギ科**	**オバシギ**	***Calidris tenuirostris***	C	28
チドリ目	**シギ科**	**コオバシギ**	***Calidris canutus***	B	
チドリ目	**シギ科**	**ミユビシギ**	***Calidris alba***	B	93
チドリ目	シギ科	トウネン	*Calidris ruficollis*		29
チドリ目	シギ科	ヨーロッパトウネン	*Calidris minuta*		
チドリ目	**シギ科**	**オジロトウネン**	***Calidris temminckii***	B	
チドリ目	**シギ科**	**ヒバリシギ**	***Calidris subminuta***	B	

目名	科名	種名	学名	ランク(2013)	掲載ページ
チドリ目	シギ科	ヒメウズラシギ	*Calidris bairdii*		
チドリ目	シギ科	アメリカウズラシギ	*Calidris melanotos*		
チドリ目	シギ科	**ウズラシギ**	***Calidris acuminata***	B	
チドリ目	シギ科	**サルハマシギ**	***Calidris ferruginea***	B	
チドリ目	シギ科	**ハマシギ**	***Calidris alpina***	C	24、162
チドリ目	シギ科	**ヘラシギ**	***Eurynorhynchus pygmeus***	B	
チドリ目	シギ科	**キリアイ**	***Limicola falcinellus***	B	
チドリ目	シギ科	**エリマキシギ**	***Philomachus pugnax***	B	93
チドリ目	シギ科	**アカエリヒレアシシギ**	***Phalaropus lobatus***	要調査	
チドリ目	シギ科	ハイイロヒレアシシギ	*Phalaropus fulicarius*		
チドリ目	レンカク科	レンカク	*Hydrophasianus chirurgus*		
チドリ目	タマシギ科	**タマシギ**	***Rostratula benghalensis***	B	31
チドリ目	ツバメチドリ科	**ツバメチドリ**	***Glareola maldivarum***	B	23
チドリ目	カモメ科	クロアジサシ	*Anous stolidus*		
チドリ目	カモメ科	**ミツユビカモメ**	***Rissa tridactyla***	要調査	
チドリ目	カモメ科	ユリカモメ	*Larus ridibundus*		140
チドリ目	カモメ科	**ズグロカモメ**	***Larus saundersi***	B	141、187
チドリ目	カモメ科	ウミネコ	*Larus crassirostris*		142
チドリ目	カモメ科	カモメ	*Larus canus*		141
チドリ目	カモメ科	シロカモメ	*Larus hyperboreus*		
チドリ目	カモメ科	セグロカモメ	*Larus argentatus*		143
チドリ目	カモメ科	オオセグロカモメ	*Larus schistisagus*		143
チドリ目	カモメ科	ハシブトアジサシ	*Gelochelidon nilotica*		
チドリ目	カモメ科	オニアジサシ	*Sterna caspia*		
チドリ目	カモメ科	**オオアジサシ**	***Sterna bergii***	要注目	
チドリ目	カモメ科	**コアジサシ**	***Sterna albifrons***	B	33、96
チドリ目	カモメ科	コシジロアジサシ	*Sterna aleutica*		
チドリ目	カモメ科	セグロアジサシ	*Sterna fuscata*		
チドリ目	カモメ科	**アジサシ**	***Sterna hirundo***	要注目	
チドリ目	カモメ科	**クロハラアジサシ**	***Chlidonias hybrida***	要調査	
チドリ目	カモメ科	**ハジロクロハラアジサシ**	***Chlidonias leucopterus***	要調査	
チドリ目	トウゾクカモメ科	トウゾクカモメ	*Stercorarius pomarinus*		
チドリ目	ウミスズメ科	ハシブトウミガラス	*Uria lomvia*		
チドリ目	ウミスズメ科	**マダラウミスズメ**	***Brachyramphus perdix***	要調査	
チドリ目	ウミスズメ科	**ウミスズメ**	***Synthliboramphus antiquus***	要調査	
チドリ目	ウミスズメ科	**カンムリウミスズメ**	***Synthliboramphus wumizusume***	要調査	
チドリ目	ウミスズメ科	コウミスズメ	*Aethia pusilla*		
チドリ目	ウミスズメ科	ウトウ	*Cerorhinca monocerata*		
タカ目	ミサゴ科	**ミサゴ**	***Pandion haliaetus***	A	74
タカ目	タカ科	**ハチクマ**	***Pernis ptilorhynchus***	B	104

目名	科名	種名	学名	ランク(2013)	掲載ページ
タカ目	タカ科	トビ	*Milvus migrans*		59、179
タカ目	タカ科	オジロワシ	*Haliaeetus albicilla*	B	139
タカ目	タカ科	オオワシ	*Haliaeetus pelagicus*		139
タカ目	タカ科	クロハゲワシ	*Aegypius monachus*		
タカ目	タカ科	チュウヒ	*Circus spilonotus*	A	184
タカ目	タカ科	ハイイロチュウヒ	*Circus cyaneus*	C	
タカ目	タカ科	マダラチュウヒ	*Circus melanoleucos*		
タカ目	タカ科	アカハラダカ	*Accipiter soloensis*		
タカ目	タカ科	ツミ	*Accipiter gularis*	B	106
タカ目	タカ科	ハイタカ	*Accipiter nisus*	C	106
タカ目	タカ科	オオタカ	*Accipiter gentilis*	B	107、184
タカ目	タカ科	サシバ	*Butastur indicus*	B	105
タカ目	タカ科	ノスリ	*Buteo buteo*	B	107、183
タカ目	タカ科	ケアシノスリ	*Buteo lagopus*	B	183
タカ目	タカ科	カラフトワシ	*Aquila clanga*		
タカ目	タカ科	カタシロワシ	*Aquila heliaca*		
タカ目	タカ科	イヌワシ	*Aquila chrysaetos*	A	129-131
タカ目	タカ科	クマタカ	*Nisaetus nipalensis*	A	75
フクロウ目	フクロウ科	オオコノハズク	*Otus lempiji*	B	
フクロウ目	フクロウ科	コノハズク	*Otus sunia*	A	
フクロウ目	フクロウ科	フクロウ	*Strix uralensis*		182
フクロウ目	フクロウ科	アオバズク	*Ninox scutulata*	B	36、37
フクロウ目	フクロウ科	トラフズク	*Asio otus*	B	
フクロウ目	フクロウ科	コミミズク	*Asio flammeus*	B	117
サイチョウ目	ヤツガシラ科	ヤツガシラ	*Upupa epops*	要調査	177
ブッポウソウ目	カワセミ科	アカショウビン	*Halcyon coromanda*	B	77
ブッポウソウ目	カワセミ科	ヤマショウビン	*Halcyon pileata*	要調査	
ブッポウソウ目	カワセミ科	カワセミ	*Alcedo atthis*	要注目	76、161
ブッポウソウ目	カワセミ科	ヤマセミ	*Megaceryle lugubris*	B	77
ブッポウソウ目	ブッポウソウ科	ブッポウソウ	*Eurystomus orientalis*	A	
キツツキ目	キツツキ科	アリスイ	*Jynx torquilla*	B	164
キツツキ目	キツツキ科	コゲラ	*Dendrocopos kizuki*		44、128、189
キツツキ目	キツツキ科	オオアカゲラ	*Dendrocopos leucotos*	B	45
キツツキ目	キツツキ科	アカゲラ	*Dendrocopos major*	C	45
キツツキ目	キツツキ科	アオゲラ	*Picus awokera*	C	44
ハヤブサ目	ハヤブサ科	チョウゲンボウ	*Falco tinnunculus*		108、185
ハヤブサ目	ハヤブサ科	アカアシチョウゲンボウ	*Falco amurensis*		108
ハヤブサ目	ハヤブサ科	コチョウゲンボウ	*Falco columbarius*	C	185
ハヤブサ目	ハヤブサ科	チゴハヤブサ	*Falco subbuteo*	C	
ハヤブサ目	ハヤブサ科	ハヤブサ	*Falco peregrinus*	B	81-83、192

目名	科名	種名	学名	ランク(2013)	掲載ページ
スズメ目	ヤイロチョウ科	ヤイロチョウ	*Pitta nympha*	要調査	
スズメ目	サンショウクイ科	サンショウクイ	*Pericrocotus divaricatus*	C	39
スズメ目	コウライウグイス科	コウライウグイス	*Oriolus chinensis*		
スズメ目	カササギヒタキ科	サンコウチョウ	*Terpsiphone atrocaudata*		38、191
スズメ目	モズ科	チゴモズ	*Lanius tigrinus*	要注目	
スズメ目	モズ科	モズ	*Lanius bucephalus*		63、88、101
スズメ目	モズ科	アカモズ	*Lanius cristatus*	B	
スズメ目	モズ科	タカサゴモズ	*Lanius schach*		
スズメ目	モズ科	オオモズ	*Lanius excubitor*	要注目	
スズメ目	モズ科	オオカラモズ	*Lanius sphenocercus*		
スズメ目	カラス科	カケス	*Garrulus glandarius*		169
スズメ目	カラス科	オナガ	*Cyanopica cyanus*	Ex	
スズメ目	カラス科	ホシガラス	*Nucifraga caryocatactes*		
スズメ目	カラス科	コクマルガラス	*Corvus dauuricus*	C	169
スズメ目	カラス科	ミヤマガラス	*Corvus frugilegus*		168
スズメ目	カラス科	ハシボソガラス	*Corvus corone*		80、86、88
スズメ目	カラス科	ハシブトガラス	*Corvus macrorhynchos*		80
スズメ目	カラス科	ワタリガラス	*Corvus corax*		
スズメ目	キクイタダキ科	キクイタダキ	*Regulus regulus*		170
スズメ目	ツリスガラ科	ツリスガラ	*Remiz pendulinus*	C	171
スズメ目	シジュウカラ科	コガラ	*Poecile montanus*	要注目	71
スズメ目	シジュウカラ科	ヤマガラ	*Poecile varius*		70、101
スズメ目	シジュウカラ科	ヒガラ	*Periparus ater*		71
スズメ目	シジュウカラ科	シジュウカラ	*Parus minor*		64、70、85
スズメ目	ヒバリ科	ヒメコウテンシ	*Calandrella brachydactyla*		
スズメ目	ヒバリ科	ヒバリ	*Alauda arvensis*		188
スズメ目	ヒバリ科	ハマヒバリ	*Eremophila alpestris*		
スズメ目	ツバメ科	ショウドウツバメ	*Riparia riparia*		
スズメ目	ツバメ科	ツバメ	*Hirundo rustica*		34、35
スズメ目	ツバメ科	コシアカツバメ	*Hirundo daurica*		46
スズメ目	ツバメ科	イワツバメ	*Delichon dasypus*		47、59、103
スズメ目	ヒヨドリ科	ヒヨドリ	*Hypsipetes amaurotis*		13、59、98
スズメ目	ウグイス科	ウグイス	*Cettia diphone*		63、100、161、188
スズメ目	ウグイス科	ヤブサメ	*Urosphena squameiceps*		42
スズメ目	エナガ科	エナガ	*Aegithalos caudatus*		14、61、128
スズメ目	ムシクイ科	キタヤナギムシクイ	*Phylloscopus trochilus*		
スズメ目	ムシクイ科	ムジセッカ	*Phylloscopus fuscatus*		
スズメ目	ムシクイ科	キマユムシクイ	*Phylloscopus inornatus*		
スズメ目	ムシクイ科	コムシクイ	*Phylloscopus borealis*		
スズメ目	ムシクイ科	メボソムシクイ	*Phylloscopus xanthodryas*	B	

目名	科名	種名	学名	ランク(2013)	掲載ページ
スズメ目	ムシクイ科	エゾムシクイ	Phylloscopus borealoides		
スズメ目	ムシクイ科	センダイムシクイ	Phylloscopus coronatus		15
スズメ目	メジロ科	メジロ	Zosterops japonicus		13、126、190
スズメ目	センニュウ科	マキノセンニュウ	*Locustella lanceolata*	要調査	
スズメ目	センニュウ科	シマセンニュウ	*Locustella ochotensis*	要調査	
スズメ目	センニュウ科	エゾセンニュウ	*Locustella fasciolata*	要調査	
スズメ目	ヨシキリ科	オオヨシキリ	*Acrocephalus orientalis*	要注目	19
スズメ目	ヨシキリ科	コヨシキリ	*Acrocephalus bistrigiceps*	C	
スズメ目	セッカ科	セッカ	Cisticola juncidis		18
スズメ目	レンジャク科	キレンジャク	Bombycilla garrulus		
スズメ目	レンジャク科	ヒレンジャク	Bombycilla japonica		178
スズメ目	ゴジュウカラ科	ゴジュウカラ	*Sitta europaea*	B	72
スズメ目	キバシリ科	キバシリ	*Certhia familiaris*	A	
スズメ目	ミソサザイ科	ミソサザイ	Troglodytes troglodytes		39
スズメ目	ムクドリ科	ギンムクドリ	Spodiopsar sericeus		176
スズメ目	ムクドリ科	ムクドリ	Spodiopsar cineraceus		79
スズメ目	ムクドリ科	コムクドリ	*Agropsar philippensis*	要注目	95
スズメ目	ムクドリ科	カラムクドリ	Sturnia sinensis		176
スズメ目	ムクドリ科	ホシムクドリ	Sturnus vulgaris		177
スズメ目	カワガラス科	カワガラス	*Cinclus pallasii*	C	180
スズメ目	ヒタキ科	マミジロ	*Zoothera sibirica*	B	40
スズメ目	ヒタキ科	トラツグミ	Zoothera dauma		122
スズメ目	ヒタキ科	カラアカハラ	Turdus hortulorum		
スズメ目	ヒタキ科	クロツグミ	Turdus cardis		40
スズメ目	ヒタキ科	マミチャジナイ	Turdus obscurus		
スズメ目	ヒタキ科	シロハラ	Turdus pallidus		121
スズメ目	ヒタキ科	アカハラ	Turdus chrysolaus		122
スズメ目	ヒタキ科	ツグミ	Turdus naumanni		98、120、125
	(亜種)	(ハチジョウツグミ)	Turdus naumanni naumanni		173
スズメ目	ヒタキ科	コマドリ	*Luscinia akahige*	B	41
スズメ目	ヒタキ科	オガワコマドリ	Luscinia svecica		
スズメ目	ヒタキ科	ノゴマ	Luscinia calliope		
スズメ目	ヒタキ科	コルリ	*Luscinia cyane*	B	41
スズメ目	ヒタキ科	シマゴマ	Luscinia sibilans		
スズメ目	ヒタキ科	ルリビタキ	*Tarsiger cyanurus*	A	119、132
スズメ目	ヒタキ科	ジョウビタキ	Phoenicurus auroreus		118、186
スズメ目	ヒタキ科	ノビタキ	*Saxicola torquatus*	A	109
スズメ目	ヒタキ科	ハシグロヒタキ	Oenanthe oenanthe		
スズメ目	ヒタキ科	サバクヒタキ	Oenanthe deserti		112
スズメ目	ヒタキ科	イソヒヨドリ	Monticola solitarius		48

目名	科名	種名	学名	ランク(2013)	掲載ページ
スズメ目	ヒタキ科	エゾビタキ	*Muscicapa griseisticta*		111
スズメ目	ヒタキ科	サメビタキ	*Muscicapa sibirica*		111
スズメ目	**ヒタキ科**	**コサメビタキ**	***Muscicapa dauurica***	C	110
スズメ目	ヒタキ科	マミジロキビタキ	*Ficedula zanthopygia*		
スズメ目	**ヒタキ科**	**キビタキ**	***Ficedula narcissina***	要注目	17、60
スズメ目	ヒタキ科	ムギマキ	*Ficedula mugimaki*		112
スズメ目	**ヒタキ科**	**オジロビタキ**	***Ficedula albicilla***	要調査	113
スズメ目	**ヒタキ科**	**オオルリ**	***Cyanoptila cyanomelana***	要注目	16、62
スズメ目	イワヒバリ科	イワヒバリ	*Prunella collaris*		
スズメ目	イワヒバリ科	ヤマヒバリ	*Prunella montanella*		
スズメ目	**イワヒバリ科**	**カヤクグリ**	***Prunella rubida***	A	164
スズメ目	スズメ科	ニュウナイスズメ	*Passer rutilans*		12
スズメ目	スズメ科	スズメ	*Passer montanus*		12、96、160
スズメ目	セキレイ科	イワミセキレイ	*Dendronanthus indicus*		
スズメ目	セキレイ科	ツメナガセキレイ	*Motacilla flava*		
スズメ目	セキレイ科	キガシラセキレイ	*Motacilla citreola*		
スズメ目	セキレイ科	キセキレイ	*Motacilla cinerea*		68、103
スズメ目	セキレイ科	ハクセキレイ	*Motacilla alba*		68、87
スズメ目	セキレイ科	セグロセキレイ	*Motacilla grandis*		69
スズメ目	セキレイ科	マミジロタヒバリ	*Anthus richardi*		
スズメ目	セキレイ科	ビンズイ	*Anthus hodgsoni*		172
スズメ目	**セキレイ科**	**ムネアカタヒバリ**	***Anthus cervinus***	要調査	
スズメ目	セキレイ科	タヒバリ	*Anthus rubescens*		173
スズメ目	アトリ科	アトリ	*Fringilla montifringilla*		174
スズメ目	アトリ科	カワラヒワ	*Chloris sinica*		181
スズメ目	アトリ科	マヒワ	*Carduelis spinus*		175
スズメ目	**アトリ科**	**ベニヒワ**	***Carduelis flammea***	要調査	
スズメ目	アトリ科	コベニヒワ	*Carduelis hornemanni*		
スズメ目	アトリ科	ハギマシコ	*Leucosticte arctoa*		138
スズメ目	アトリ科	ベニマシコ	*Uragus sibiricus*		137
スズメ目	アトリ科	アカマシコ	*Carpodacus erythrinus*		
スズメ目	**アトリ科**	**オオマシコ**	***Carpodacus roseus***	要調査	138
スズメ目	**アトリ科**	**イスカ**	***Loxia curvirostra***	要調査	
スズメ目	アトリ科	ウソ	*Pyrrhula pyrrhula*		165
スズメ目	アトリ科	シメ	*Coccothraustes coccothraustes*		61、166
スズメ目	**アトリ科**	**コイカル**	***Eophona migratoria***	C	
スズメ目	アトリ科	イカル	*Eophona personata*		46、101、127
スズメ目	ツメナガホオジロ科	ツメナガホオジロ	*Calcarius lapponicus*		
スズメ目	**ツメナガホオジロ科**	**ユキホオジロ**	***Plectrophenax nivalis***	要調査	
スズメ目	ホオジロ科	シラガホオジロ	*Emberiza leucocephalos*		

目名	科名	種名	学名	ランク(2013)	掲載ページ
スズメ目	ホオジロ科	ホオジロ	*Emberiza cioides*		43、84
スズメ目	**ホオジロ科**	**ホオアカ**	***Emberiza fucata***	A	42
スズメ目	ホオジロ科	コホオアカ	*Emberiza pusilla*		
スズメ目	ホオジロ科	カシラダカ	*Emberiza rustica*		134
スズメ目	ホオジロ科	ミヤマホオジロ	*Emberiza elegans*		123
スズメ目	ホオジロ科	シマアオジ	*Emberiza aureola*		
スズメ目	ホオジロ科	シマノジコ	*Emberiza rutila*		
スズメ目	**ホオジロ科**	**ノジコ**	***Emberiza sulphurata***	A	
スズメ目	**ホオジロ科**	**アオジ**	***Emberiza spodocephala***	A	103、135
スズメ目	**ホオジロ科**	**クロジ**	***Emberiza variabilis***	B	136
スズメ目	ホオジロ科	シベリアジュリン	*Emberiza pallasi*		
スズメ目	ホオジロ科	コジュリン	*Emberiza yessoensis*		
スズメ目	ホオジロ科	オオジュリン	*Emberiza schoeniclus*		124
スズメ目	ホオジロ科	ミヤマシトド	*Zonotrichia leucophrys*		

計369種

■外来種

目名	科名	種名	学名	ランク(2013)
キジ目	キジ科	コジュケイ	*Bambusicola thoracicus*	
ハト目	ハト科	カワラバト（ドバト）	*Columba livia*	
インコ目	インコ科	オキナインコ	*Myiopsitta monachus*	
スズメ目	カラス科	ヤマムスメ	*Urocissa caerulea*	
スズメ目	カラス科	カササギ	*Pica pica*	
スズメ目	チメドリ科	ソウシチョウ	*Leiothrix lutea*	
スズメ目	ムクドリ科	ハッカチョウ	*Acridotheres cristatellus*	
スズメ目	カエデチョウ科	ベニスズメ	*Amandava amandava*	
スズメ目	カエデチョウ科	ギンパラ	*Lonchura malacca*	
スズメ目	カエデチョウ科	キンパラ	*Lonchura atricapilla*	
スズメ目	カエデチョウ科	ヘキチョウ	*Lonchura maja*	
スズメ目	カエデチョウ科	ブンチョウ	*Lonchura oryzivora*	

計12種

このリストは「ひょうごの環境」（兵庫県農政環境部環境管理局）に掲載されているリストをもとに作成した。

備考
・兵庫県産鳥類目録『兵庫の鳥1970』（鳥類同好会）、兵庫県産鳥類目録増補改訂版『兵庫の鳥1990』（兵庫野鳥の会）、『ひょうごの鳥2010』（日本野鳥の会ひょうご）記載の種リストより作成
・種の記載順序、目名、科名、学名については日本鳥類目録改訂第7版（日本鳥学会2012年9月）に基づいて整理
・カラムクドリとサバクヒタキを追加

鳥名別さくいん

ア行

アイガモ……………………………………151
アオゲラ……………………………44、45、200
アオサギ………………………………55、87、197
アオジ………43、63、103、135、136、191、204
アオシギ……………………………………162、198
アオバズク…………………………36、37、193、200
アオバト……………………………………167、196
アカアシチョウゲンボウ………………108、200
アカガシラサギ……………………………192、196
アカゲラ……………………………………45、200
アカショウビン……………………………77、200
アカハラ……………………………………122、202
アトリ………………………………174、175、203
アヒル………………………………………151
アマサギ……………………………………54、197
アメリカコガモ……………………………157、195
アメリカヒドリ……………………………153、195
アリスイ……………………………………164、200
イカル……………46、101、126、127、203
イカルチドリ………………………………22、197
イソシギ……………………………26、181、198
イソヒヨドリ……………………48、126、193、202
イヌワシ……3、75、129-131、139、193、200
イワツバメ…………………46、47、59、103、201
ウグイス……13、15、42、62、63、67、100、
　　　　　　126、160、161、188、191、201
ウソ………………………………………165、203
ウミアイサ…………………………………154、196
ウミウ……………………………………97、116、196
ウミネコ……………………………………142、199
エゾセンニュウ……………………………191、202
エゾビタキ…………………………………111、203
エナガ………………………14、61、64、128、191、201
エリマキシギ………………………………93、199
オオアカゲラ………………………………45、200
オオアカハラ………………………………122
オオジュリン………………………………124、171、204
オオセグロカモメ…………………………143、199
オオソリハシシギ…………………………28、198
オオタカ………83、106、107、184、192、200
オオハクチョウ……………………145、146、195
オオハム……………………………………144、196
オオバン……………………………158、189、197
オオヒシクイ………………………………147
オオマシコ…………………………………138、203
オオヨシキリ………………………………19、202
オオルリ………8、16、60、62、111、203
オオワシ……………………………………139、200
オカヨシガモ……………………………150、151、195
オグロシギ…………………………………24、198
オシドリ……………………………84、149、195
オジロビタキ………………………………113、203
オジロワシ…………………………………139、200
オナガガモ…………………………………152、195
オバシギ……………………………………28、198

カ行

カイツブリ………………………50、85、159、196
カケス………………………………………169、201
カシラダカ…………………43、123、134、204
カッコウ……………………………………66、197
カモメ………………………………………141、199
カヤクグリ…………………………………164、203
カラムクドリ………………………176、202、204
カルガモ……………………………………49、102、195
カワアイサ…………………………………154、196
カワウ……………………97、115、116、193、196
カワガラス…………………………………180、202
カワセミ……………………76、96、132、161、200
カワラヒワ…………………………………175、181、203
カンムリカイツブリ………………………159、187、196
キアシシギ…………………………………61、92、198
キクイタダキ………………………………170、201
キジ………………………………………10、191、195
キジバト……78、102、106、125-127、196
キセキレイ…………………………………68、103、203
キビタキ……16、17、60、111、112、203
キョウジョシギ……………………………27、198
キレンジャク………………………………178、202
キンクロハジロ……………………………156、195
ギンザンマシコ……………………………138
ギンムクドリ………………………………176、202

クイナ	30、157、197
クサシギ	26、181、198
クマタカ	75、129、130、200
クロサギ	58、197
クロジ	136、204
クロツグミ	40、191、202
クロツラヘラサギ	114、197
ケアシノスリ	183、200
ケリ	32、163、197
コアジサシ	33、96、199
ゴイサギ	56、57、87、100、196
コウノトリ	3、11、55、62、131、193、196
コガモ	94、157、195
コガラ	71、201
コクガン	146、195
コクマルガラス	169、201
コゲラ	44、128、189、200
コサギ	51-53、58、85-87、100、102、160、184、197
コサメビタキ	16、110、111、203
コシアカツバメ	46、201
ゴジュウカラ	72、202
コジュケイ	191、204
コチドリ	20-22、97、197
コチョウゲンボウ	185、200
コハクチョウ	145、195
コブハクチョウ	145
コマドリ	41、62、191、202
コミミズク	117、192、200
コムクドリ	95、202
コヨシキリ	19、202
コルリ	41、67、191、202

サ行

ササゴイ	57、196
サシバ	105、193、200
サバクヒタキ	112、202、204
サメビタキ	111、203
サンコウチョウ	38、191、201
サンショウクイ	39、201
シジュウカラ	64、70、71、85、128、191、193、201
シマアジ	29、195
シマエナガ	14
シメ	61、126、127、166、191、203
ジュウイチ	67、197
ジョウビタキ	96、118、119、125、132、186、202
シラオネッタイチョウ	116、196
シロチドリ	21、22、197
シロハラ	121、186、191、202
ズグロカモメ	141、187、199
スズガモ	155、195
スズメ	12、59、81、88、96、125-127、160、171、174、175、203
セイタカシギ	23、198
セグロカモメ	143、199
セグロセキレイ	69、103、125、203
セッカ	18、202
センダイムシクイ	15、66、99、202
ソリハシシギ	61、92、198

タ行

ダイサギ	52、53、87、100、102、197
ダイシャクシギ	91、198
ダイゼン	90、197
タカブシギ	26、27、198
タゲリ	163、197
タシギ	25、162、198
タヒバリ	172、173、203
タマシギ	31、62、199
タンチョウ	55、193
チュウサギ	52、54、102、197
チュウシャクシギ	25、60、198
チュウダイサギ	53
チュウヒ	184、200
チョウゲンボウ	108、185、200
ツクシガモ	148、195
ツグミ	60、98、120、121、125-127、173、186、202
ツツドリ	66、99、197
ツバメ	23、34、35、46、60、95、160、201
ツバメチドリ	23、199
ツミ	106、200
ツリスガラ	171、201

ツルシギ	27、198
トウネン	29、198
トキ	11
ドバト	78、83、107、184、204
トビ	32、58、59、74、139、179、200
トモエガモ	153、195
トラツグミ	122、202

ナ行

ナイチンゲール	109
ニュウナイスズメ	12、203
ノスリ	107、179、183、200
ノビタキ	109、202

ハ行

ハイタカ	106、200
ハギマシコ	138、203
ハクセキレイ	68、69、87、103、125、185、193、203
ハシビロガモ	99、152、195
ハシブトガラス	64、80、201
ハシボソガラス	34、80、81、86、88、127、168、201
ハジロカイツブリ	159、196
ハチクマ	104、106、199
ハチジョウツグミ	173、202
ハマシギ	24、162、199
ハヤブサ	48、75、81-83、164、192、200
ハリオアマツバメ	95、197
バン	73、197
ヒガラ	71、201
ヒクイナ	30、31、157、197
ヒシクイ	147、195
ヒドリガモ	148、153、189、195
ヒバリ	30、32、62、173、188、201
ヒヨドリ	13、48、59、61、88、98、106、125-127、176、191、201
ヒレンジャク	178、202
ビンズイ	172、173、203
フクロウ	161、182、200
ベニマシコ	137、138、191、203
ヘラサギ	114、197
ホウロクシギ	91、198
ホオアカ	42、204
ホオジロ	43、62、63、66、84、134、135、204
ホシハジロ	156、195
ホシムクドリ	177、202
ホトトギス	67、160、191、197

マ行

マガモ	146、151、186、195
マガン	147、195
マヒワ	175、203
マミジロ	40、202
ミコアイサ	155、196
ミサゴ	74、199
ミソサザイ	39、202
ミミカイツブリ	159、196
ミヤコドリ	144、198
ミヤマガラス	168、169、201
ミヤマホオジロ	123、204
ミユビシギ	93、198
ムギマキ	112、203
ムクドリ	63、79、88、95、125-127、177、202
ムナグロ	90、197
メジロ	13、61、63、126、128、132、190、191、202
メダイチドリ	22、198
モズ	63、66、88、96、101、171、201

ヤ行

ヤツガシラ	177、192、200
ヤブサメ	42、62、201
ヤマガラ	70、101、128、201
ヤマゲラ	44
ヤマシギ	162、198
ヤマセミ	77、149、193、200
ヤマドリ	62、75、117、195
ユリカモメ	140、141、144、187、199
ヨーロッパコウノトリ	11
ヨーロッパコマドリ	41
ヨシガモ	150、195
ヨシゴイ	58、196
ヨタカ	72、197

ラ行

リュウキュウサンショウクイ	39
ルリビタキ	119、132、191、202

207

西播愛鳥会（せいばんあいちょうかい）

1967年、姫路市周辺の愛鳥家らで結成。年8回程度、播磨を中心に探鳥会を主催するほか、ツバメ、ムクドリなどの環境調査を実施してきた。行政から環境対策の意見を求められることもある。事務局・姫路市。会報も発行し、会員は現在約50人。

執筆者・撮影者（50音順）

黒田 治男	後藤 美枝子	広畑 政巳	真殿 則子
真殿 博	溝杭 義晃	三谷 康則	森田 俊司
山子 恵宏	吉井 淳一		

デザイン　正木理恵

ひょうごで出会う野鳥

2019年9月20日　第1刷発行

編著者　西播愛鳥会（せいばんあいちょうかい）
発行者　吉村　一男
発行所　神戸新聞総合出版センター
　　　　〒650-0044　神戸市中央区東川崎町1-5-7
　　　　TEL 078-362-7140　FAX 078-361-7552
　　　　https://kobe-yomitai.jp/
印　刷　株式会社 神戸新聞総合印刷

©2019. Printed in Japan
乱丁・落丁本はお取替えいたします。
写真等の無断転載を禁じます。
ISBN978-4-343-01052-0 C0045